上海市工程建设规范

建设工程造价咨询标准

Standard of project cost consultation

DG/TJ 08—1202—2024
J 10810—2024

主编单位:上海市建筑建材业市场管理总站
上海市建设工程咨询行业协会
批准单位:上海市住房和城乡建设管理委员会
施行日期:2024 年 10 月 1 日

同济大学出版社

2024 上海

图书在版编目(CIP)数据

建设工程造价咨询标准/上海市建筑建材业市场管理总站，上海市建设工程咨询行业协会主编. --上海：同济大学出版社，2024. 8. -- ISBN 978-7-5765-1237-3

Ⅰ. TU723. 3-65

中国国家版本馆 CIP 数据核字第 20242AK882 号

建设工程造价咨询标准

上海市建筑建材业市场管理总站
上海市建设工程咨询行业协会 **主编**

责任编辑 朱 勇
责任校对 徐春莲
封面设计 陈益平

出版发行 同济大学出版社 www. tongjipress. com. cn
(地址：上海市四平路 1239 号 邮编：200092 电话：021－65985622)
经 销 全国各地新华书店
印 刷 浦江求真印务有限公司
开 本 889mm×1194mm 1/32
印 张 6. 625
字 数 166 000
版 次 2024 年 8 月第 1 版
印 次 2024 年 8 月第 1 次印刷
书 号 ISBN 978-7-5765-1237-3
定 价 70. 00 元

上海市住房和城乡建设管理委员会文件

沪建标定〔2024〕216 号

上海市住房和城乡建设管理委员会关于批准《建设工程造价咨询标准》为上海市工程建设规范的通知

各有关单位：

由上海市建筑建材业市场管理总站和上海市建设工程咨询行业协会主编的《建设工程造价咨询标准》，经我委审核，现批准为上海市工程建设规范，统一编号为 DG/TJ 08—1202—2024，自 2024 年 10 月 1 日起实施，原《建设工程造价咨询标准》DG/TJ 08—1202—2017 同时废止。

本标准由上海市住房和城乡建设管理委员会负责管理，上海市建筑建材业市场管理总站负责解释。

上海市住房和城乡建设管理委员会

2024 年 4 月 30 日

前　言

根据上海市住房和城乡建设管理委员会《关于印发〈2023 年上海市工程建设规范编制计划〉的通知》（沪建标定〔2023〕6 号）要求，由上海市建筑建材业市场管理总站、上海市建设工程咨询行业协会为主编单位，会同本市部分建设工程造价咨询企业共同完成《建设工程造价咨询标准》DG/TJ 08—1202—2017 的修订工作。

本次主要修订内容有：

1. 根据住房和城乡建设部发布的《住房和城乡建设部办公厅关于印发工程造价改革工作方案的通知》（建办标〔2020〕38 号）和上海市住房和城乡建设管理委员会发布的《上海市深化工程造价管理改革实施方案》（沪建标定〔2021〕701 号）的内容对有关条文和条文说明进行修订。

2. 根据取消工程造价咨询企业资质审批等事项，对原标准中涉及工程造价咨询企业资质的有关条文和条文说明进行修订。

3. 根据《国家发展改革委关于印发投资项目可行性研究报告编写大纲及说明的通知》（发改投资规〔2023〕304 号）对决策阶段条文、条文说明和表式进行修订。

4. 根据《关于调整本市建设工程规费项目设置等相关事项的通知》（沪建标定联〔2023〕120 号）等新颁布的文件内容，对有关条文、条文说明和表式进行修订。

5. 根据《住房和城乡建设部关于修改〈工程造价咨询企业管理办法〉〈注册造价工程师管理办法〉的决定》（住房和城乡建设部令第 50 号）对注册造价工程师的工作内容进行修订。

各单位及相关人员在执行本标准过程中，如有意见和建议，请反馈至上海市住房和城乡建设管理委员会（地址：上海市大沽路 100 号；邮编：200003；E-mail：shjsbzgl@163.com），上海市建筑建材业市场管理总站（地址：上海市小木桥路 683 号；邮编：200032；E-mail：shgcbz@163.com），上海市建设工程咨询行业协会（地址：上海市中山北一路 121 号 B2 栋 3001 室；邮编：200083；E-mail：scca@scca.sh.cn），以供修订时参考。

主 编 单 位：上海市建筑建材业市场管理总站
上海市建设工程咨询行业协会

参 编 单 位：天健工程咨询有限公司
上海明方复兴工程造价咨询有限公司
上海建津建设工程咨询有限公司
上海城济工程造价咨询有限公司
上海申元工程投资咨询有限公司
上海第一测量师事务所有限公司
上海正弘建设工程顾问有限公司
上海建科造价咨询有限公司
上海东方投资监理有限公司

主要起草人：孙晓东　徐逢治　顾晓辉　康元鸣　彭　磊
陈晓宇　施小芹　夏　宁　徐秋林　沈怡杰
魏　吉　曹超慧　曹国俊　曹梅芳　王景刚
沈　新　张建荣

主要审查人：乐嘉栋　王大年　杨宏巍　邵晓悦　黄　辉
郝彩霞　唐　俐

上海市建筑建材业市场管理总站

目　次

Contents

1 总 则

1.0.1 为促进本市现代服务业发展，指导建设工程造价咨询企业及造价从业人员的咨询服务工作，规范建设工程造价咨询服务活动行为，提高建设工程造价咨询成果文件的质量，根据相关法律、法规、规章、规范性文件和标准，特制定本标准。

1.0.2 本标准适用于本市房屋建筑和市政基础设施工程等造价咨询服务活动及其成果文件的质量管理与监督。其他工程造价咨询服务活动及其成果文件，在专业技术要求相同时，可按本标准相关章节执行。

1.0.3 建设工程造价咨询服务活动，应坚持合法、公正、独立、客观和诚信的原则，维护社会公共利益和相关当事人的合法权益。

1.0.4 工程造价咨询企业应按照营业执照的经营范围开展相关业务，且具备与承接业务相匹配的能力和注册造价工程师，并遵循相应的法律法规。

1.0.5 根据国家和行业的相关要求，工程造价咨询服务应实行注册造价工程师负责制。

1.0.6 工程造价咨询企业提供工程造价咨询服务，必须与委托人签订书面的建设工程造价咨询合同。合同中应明确工程造价咨询服务标的、服务范围、工作内容、双方的义务、权利、责任、服务期限、服务酬金、支付方式及成果文件表现形式等内容及要求，合同文本可采用国家现行的《建设工程造价咨询合同(示范文本)》。

1.0.7 工程造价咨询企业及造价从业人员，对所承接的工程造价咨询项目涉及有利益关联的，应主动回避。

1.0.8 工程造价咨询服务活动行为及其咨询成果文件除应符合本标准外，尚应符合国家、行业和本市现行有关标准的规定，以及工程合同的约定。

2 术 语

2.0.1 工程造价咨询 project cost consulting

工程造价咨询企业接受委托人的委托，委派具有与业务要求相匹配的注册造价工程师，运用工程造价的专业技能，为建设项目决策、设计、发承包、施工、竣工等各个阶段工程计价和工程造价管理提供的咨询服务。

2.0.2 咨询人 cost consultant

按照营业执照经营范围，具备与承接业务相匹配的能力和注册造价工程师，接受委托从事建设工程造价咨询活动的企业。

2.0.3 工程造价 project cost

工程项目在建设期预计或实际支出的建设费用。

2.0.4 工程造价咨询成果文件 project cost consultation deliverables

工程造价咨询企业承担工程造价咨询业务时，为委托人出具的反映各阶段工程造价确定与控制，以及工程造价咨询服务等成果文件。

2.0.5 资金计划 investment cost plan

以货币形式反映项目建设期内资金投入水平情况的总体安排。

2.0.6 建设管理费 client management overhead cost

建设单位为组织完成工程项目建设，在建设期内发生的各类管理性费用。

2.0.7 投资估算 estimate of investment

以方案设计或可行性研究文件为依据，按照规定的程序、方法和依据，对拟建项目所需总投资及其构成进行的预测和估计。

2.0.8 设计概算 preliminary cost estimate

以初步设计文件为依据，按照规定的程序、方法和依据，对建设项目总投资及其构成进行的概略计算。

2.0.9 施工图预算 construction drawing cost estimate

以施工图设计文件为依据，按照规定的程序、方法和依据，在工程施工前对工程项目的工程费用进行的预测与计算。

2.0.10 工程量清单 bills of quantities

建设工程文件中载明项目编码、项目名称、项目特征、计量单位、工程数量的明细清单。

2.0.11 最高投标限价 bid price ceiling

根据国家和本市建设行政主管部门颁发的有关工程计价办法和相关规定，依据拟定的招标文件和招标工程量清单，结合工程价格信息和工程具体情况发布的招标工程的投标价最高限额。

2.0.12 标底 pre-tender estimate

招标人对招标项目所计算的一个期望交易价格。

2.0.13 投标价 tender price

投标人投标时响应招标文件要求所报出的在已标价工程量清单中标明的总价。

2.0.14 工程变更 variations

合同实施过程中由发包人提出或由承包人提出经发包人批准的对合同工程的工作内容、工程数量、质量要求、施工顺序与时间、施工条件、施工工艺或其他特征及合同条件等的改变。

2.0.15 工程索赔 claims

工程承包合同履行中，当事人一方因非己方的原因而遭受经济损失或工期延误，按照合同约定或法律规定，应由对方承担责任，而向对方提出工期和(或)费用补偿要求的行为。

2.0.16 工程签证 confirmations

发包人代表(或其授权的监理人、工程造价咨询人)与承包人代表就施工过程中涉及的责任事件所作的签认证明。

2.0.17 工程结算 ascertainment of project cost

发承包双方根据有关法律、法规、文件的规定和合同约定，对合同工程实施中、中止时、已完工后的工程项目进行的合同价款计算、调整和确认。

2.0.18 施工过程结算 interim settlement

发承包双方根据有关法律、法规、文件的规定和合同约定，在相应工程质量验收合格的基础上，在施工过程结算节点上对已完工程进行合同价款的阶段性计算、调整、确认的活动。

2.0.19 竣工结算 final account

发承包双方根据有关法律、法规、文件的规定和合同约定，在承包人完成合同约定的全部工作后，对最终工程价款的调整和确定。

2.0.20 竣工决算 account at completion

建设项目全部建成后，由建设单位以实物量和货币指标为计量单位，编制综合反映建设项目从筹建到竣工投产为止的全部建设费用、建设成果和财务状况的总结性文件。

2.0.21 全过程造价咨询 whole process of construction cost consulting

受委托人委托，工程造价咨询企业应用工程造价管理知识与技术，为实现建设项目决策、设计、发承包、施工、竣工等各个阶段的工程造价管理目标而提供的咨询服务。

2.0.22 工程造价鉴定 construction cost verification

工程造价咨询企业接受人民法院或仲裁机构委托，委派具有与业务相匹配的注册造价工程师，运用工程造价方面的科学技术和专业知识，对工程造价争议中涉及的专门性问题进行鉴别、判断并提供鉴定意见的活动。

3 基本规定

3.1 业务范围

3.1.1 工程造价咨询业务范围应依据国家有关法律、法规和建设行政主管部门的有关规定，一般包括下列内容：

1 全过程工程造价咨询服务。

2 建设项目投资估算的编制与调整或审核。

3 项目投融资及财务方案的编制或评价。

4 方案比选、限额设计、优化设计的造价咨询。

5 设计概算的编制与调整或审核。

6 施工图预算的编制或审核。

7 招标文件的编制或审核

8 工程量清单的编制或审核。

9 最高投标限价（或标底）的编制或审核。

10 投标报价的编制。

11 合同管理咨询。

12 施工过程结算的编制或审核。

13 工程竣工结算的编制或审核。

14 工程竣工决算的编制或审核。

15 建设项目后评价或绩效评价。

16 工程造价鉴定。

17 工程造价信息咨询。

18 其他工程造价咨询服务。

3.1.2 注册造价工程师应在规定的执业范围内提供服务，具体包括下列工作内容：

1　一级注册造价工程师执业范围应包括建设项目全过程的工程造价管理与工程造价咨询等，具体包括下列工作内容：

1）项目建议书、可行性研究投资估算编制和审核，项目评价造价分析。

2）建设工程设计概算、施工预算编制与审核。

3）建设工程招标投标文件工程量和造价的编制与审核。

4）建设工程合同价款、结算价款、竣工决算价款的编制与管理。

5）建设工程审计、仲裁、诉讼、保险中的造价鉴定，工程造价纠纷调解。

6）建设工程计价依据、造价指标的编制与管理。

7）与工程造价管理有关的其他事项。

2　二级注册造价工程师协助一级注册造价工程师开展相关工作，并可以独立开展下列工作：

1）建设工程工料分析、计划、组织与成本管理，施工图预算、设计概算编制。

2）建设工程量清单、最高投标限价、投标报价编制。

3）建设工程合同价款、结算价款和竣工决算价款的编制。

3.2　一般规定

3.2.1　工程造价咨询企业在承接具体咨询业务时，应建立与所承接咨询业务相适应的专业部门及组织机构，配备结构合理的专业咨询人员，根据企业自身的业务胜任能力等因素，对能否承接该咨询业务作出决定。

3.2.2　工程造价咨询企业对承担咨询业务所编制的工程造价咨询成果文件，应符合国家有关法律、法规等。

3.2.3　当委托人委托多个咨询人共同承担大型或复杂的建设项目咨询业务时，委托人应明确业务主要咨询人，并应由业务主要咨询人负责总体规划、统一标准、阶段部署、资料汇总等综合性工作，其他咨询人应按合同要求负责其所承担的具体工作。

3.3 组织管理

3.3.1 工程造价咨询企业承担咨询业务后，应对其所咨询的项目实施有效的组织管理，对其咨询工作中涉及的基础资料的收集、归纳和整理，各类成果文件的编制、审核和修改，成果文件的提交、归档等均应建立相应的管理制度，并落实到位。

3.3.2 工程造价咨询企业应建立有效的组织管理体系，包括内部组织管理体系和外部组织协调体系，并应符合下列规定：

1 内部组织管理体系应包括承担咨询项目的管理模式、企业各级组织管理的职责与分工、现场管理和非现场管理的协调方式，项目负责人和各专业负责人的职责等。

2 外部组织协调体系应以工程造价咨询合同约定的服务内容为核心，明确协调和联系人员，在确保工程项目参与各方权利与义务的前提下，协调好与建设项目参与各方的关系，促进项目顺利实施。

3.3.3 工程造价咨询项目的各类管理人员的安排，应符合工程造价咨询合同、项目质量管理及档案管理等方面的要求。

3.4 质量管理

3.4.1 工程造价咨询企业承担咨询业务后，应依据工程造价咨询合同约定和项目特点，编制工程造价咨询项目的工作规划（或计划）和细则。工作规划（或计划）的内容应包括项目概况、工程造价咨询服务范围及依据、工作目标、工作组织、工作进度、人员安排、实施方案、质量管理等。

3.4.2 工程造价咨询企业对所承担咨询项目，应建立项目的管理流程，明确项目各类工作人员的职责，通过管理流程控制措施，保证工程造价咨询成果文件质量。

3.4.3 工程造价咨询企业对工程造价咨询成果文件的质量控制流程，应符合由编制人完成编制，经审核人进行审核，并经法定代表人（或其授权人）批准签发等各项工作程序。

3.4.4 工程造价咨询企业应按委托咨询合同要求出具成果文件，并应在成果文件或需其确认的相关文件上签章，承担合同主体法律责任。注册造价工程师应在各自完成的成果文件上签章，承担相应执业法律责任。

3.4.5 建设工程造价咨询成果文件的数据等应具有可追溯性。

3.4.6 建设工程造价咨询成果文件的内容、格式、深度和精度等要求应符合工程造价咨询合同的要求，以及国家和行业的相关规定。

3.5 档案管理

3.5.1 工程造价咨询企业应按现行国家有关档案管理及相关标准的规定，建立工程造价咨询档案收集制度、统计制度、保密制度、借阅制度、库房管理制度及档案管理人员守则等。

3.5.2 工程造价咨询档案可分为成果文件和过程文件两类。成果文件应包括工程造价咨询企业出具的投资估算、设计概算、施工图预算、工程量清单、最高投标限价（或标底）、工程计量与支付、施工过程结算、竣工结算、竣工决算等编制文件或审核报告以及工程造价鉴定意见书等。过程文件应包括编制、审核人员的工作底稿。成果文件和过程文件可保留相应的电子文件。

3.5.3 工程造价咨询档案的保存期除应符合合同和国家等相关规定外，且不应少于10年。

3.5.4 承担咨询业务的项目负责人除应负责成果文件和过程文件的归档外，还应负责组织并制定咨询业务中所借阅和使用的各类设计文件、施工合同文件、工程竣工资料等有关可追溯性资料的文件目录，并应对接收、借阅和送还进行记录。

3.6 职业道德和保密

3.6.1 工程造价咨询企业及造价咨询从业人员对所承接的工程造价咨询项目涉及国家秘密和他人商业、技术秘密，应负有保密义务。同时应严格遵守相关法律、法规和委托合同中有关建设项目的保密事项。

3.6.2 工程造价咨询企业及造价咨询从业人员应尊重同行，公开、公平、公正地开展咨询活动。

3.6.3 工程造价咨询从业人员应遵守有关管理规定，恪守职业道德，保证执业活动成果的质量，接受继续教育，提高执业水平。

3.6.4 工程造价咨询企业及造价咨询从业人员应自觉接受国家和行业自律性组织的职业道德行为和工程造价咨询成果文件的监督与检查。

3.6.5 工程造价咨询企业及造价咨询从业人员应真实、准确、完整、及时地提供有关工程造价数据和资料，为建设工程造价管理部门制订计价依据服务。

3.7 数字服务

3.7.1 工程造价咨询企业应结合国家和行业数字技术发展与建设工程经济的融合，参与工程造价领域的数字技术创新与应用，提高企业的数字服务技能，形成数字化造价标准体系。

3.7.2 工程造价咨询企业可在保障数据权属的基础上，利用市场和企业自身积累的数据资源，形成各要素消耗量、各类价格信息和各专业工程指标指数等数据库，形成数字服务能力。

3.7.3 工程造价咨询企业宜开发或利用建筑信息模型（BIM）、

大数据、物联网、人工智能等现代信息技术和数字资源，提高对全过程造价咨询服务的过程和结果进行数字创新和信息化管理与应用的水平。

3.7.4 工程造价咨询企业宜参与基于项目的数字协同管理平台的数字建设，在项目的成本规划、合同管理、工程变更、工程款支付与结算、成本分析等服务领域发挥专业作用。

4 决策阶段

4.1 一般规定

4.1.1 工程造价咨询企业可接受委托承担建设项目投资估算的编制或审核及项目投融资及财务方案的编制或评价。

4.1.2 投资估算的编制应依据政府各管理部门发布的相关计费依据，以及工程造价咨询企业积累的工程造价有关资料，在充分考虑市场要素价格变化的基础上，合理确定建设项目总投资。

4.1.3 项目投融资与财务方案的编制或评价应在项目方案基础上，研究项目投资需求和融资方案，计算有关财务评价指标，判断拟建项目的财务合理性并提供决策依据。

4.1.4 投资估算的审核应依据政府各管理部门发布的相关计费依据及其他有关资料，审核投资估算编制依据的正确性、编制方法的适用性、编制内容与要求的一致性，以及投资估算中费用项目的准确性、全面性和合理性。

4.1.5 决策阶段造价文件表式可采用本标准附录 A 表格式样。

4.2 投资估算

4.2.1 投资估算按委托内容可分为建设项目的投资估算、单项工程投资估算和单位工程投资估算。

4.2.2 项目建议书阶段的投资估算编制可采用生产能力指数法、系数估算法、比例估算法、指标估算法和混合法；可行性研究阶段的投资估算编制宜采用指标估算法。

4.2.3 建设项目投资应由建设投资、建设期融资费用和流动资金组成。

4.2.4 投资估算应依据建设项目的特征、设计文件和相应的工程造价计价依据或资料对建设项目总投资及其构成进行编制，并应对主要技术经济指标进行分析。

4.2.5 投资估算编制或审核应依据下列资料：

1 法律、法规、规章、规范性文件和标准的有关规定。

2 类似工程的投资估算指标、技术经济指标和参数。

3 工程勘察与设计文件。

4 编制期人工、材料、机械台班以及设备的市场价格和有关费用。

5 政府有关部门、金融机构等部门发布的价格指数、利率、汇率、税率，以及工程建设其他费用等。

6 委托人提供的各类合同或协议及其他技术经济资料。

4.2.6 投资估算编制的成果文件应包括投资估算书封面、签署页、目录、编制说明、投资估算汇总表、单项工程投资估算表等。

4.2.7 投资估算编制说明应包括工程概况、编制范围、编制方法、编制依据、主要技术经济指标及投资构成分析、有关参数和率值选定的说明以及特殊问题的说明等。

4.2.8 投资估算编制说明中，投资构成分析应包括下列内容：

1 主要单项工程投资占比分析。

2 建筑工程费、设备购置费、安装工程费、工程建设其他费用、预备费占建设总投资的比例分析；引进设备费用占全部设备费用的比例分析等。

3 影响投资的主要因素分析。

4 与国内类似工程项目的比较，投资高低原因分析。

4.2.9 投资估算汇总表纵向应分解到单项工程费用，并应包括工程建设其他费用、预备费、建设期融资费用。生产经营性项目还应包括流动资金。投资估算汇总表横向应分解到建筑工程费、设备购置费、安装工程费和工程建设其他费用。

4.2.10 可行性研究阶段的投资估算应编制单项工程投资估算表，单项工程投资估算表纵向应分解到主要单位工程费，横向应分解到建筑工程费、设备购置费和安装工程费。

4.2.11 可行性研究阶段投资估算的工程建设其他费用应分项详细估算，可在投资估算汇总表分项编制，也可单独编制工程建设其他费用估算表。

4.2.12 建筑工程费用的估算应结合项目特征和工程计量要求分别套用不同专业工程的投资估算指标或类似工程造价资料；当无适当估算指标或类似工程造价资料时，可采用计算主体实物工程量，并参考概算定额资料等进行估算。

4.2.13 设备购置费应按国产标准设备、国产非标准设备、进口设备分别估算其设备费用，并应计算设备运杂费等。

4.2.14 安装工程费应区分不同安装类型，以设备费为基数或按相应项目的估算指标分别估算。

4.2.15 工程建设其他费用应包括建设管理费、建设用地费、可行性研究费、研究试验费、勘察设计费、环境影响评价费、劳动安全卫生评价费、场地准备及临时设施费、引进技术和引进设备其他费、工程保险费、联合试运转费、特殊设备安全监督检验费、市政公用设施配套费、专利及专有技术使用费、生产准备费等。

4.2.16 工程建设其他费用的计算应结合拟建项目的具体情况，有合同或协议的应按合同或协议计列，未确定的可根据行业及本市政府相关部门有关工程建设其他费用规定估算。

4.2.17 基本预备费应以建设项目的工程费用和工程建设其他费用之和为基数进行估算。

4.2.18 价差预备费应根据国家或行业主管部门的具体规定估算。

4.2.19 建设期融资费用应根据融资方案进行估算，并应考虑相应的手续费、承诺费、管理费、信贷保险费等融资费用。

4.2.20 可行性研究阶段流动资金应按分项详细估算法进行估

算；项目建议书阶段的流动资金可按分项详细估算法、扩大指标估算法进行估算。

4.3 投融资方案及财务方案

4.3.1 工程造价咨询企业应依据委托合同的要求，编制或评价建设项目的投融资方案及财务方案。

4.3.2 建设项目投融资方案及财务方案的深度，应根据项目的分类及决策工作不同阶段的要求确定。

4.3.3 投融资方案及财务方案的计算期应包括建设期和运营期。

4.3.4 对于经营性项目，财务方案应分析项目盈利能力、清偿能力和财务可持续能力，重点分析项目的盈利能力与项目的可融性；对于非经营性项目，应开展项目建设和运营阶段资金平衡分析。

4.3.5 财务方案应遵循动态分析与静态分析相结合、定量分析与定性分析相结合、宏观效益分析与微观效益分析相结合等原则。

4.3.6 投融资方案及财务方案应包含下列内容：

1 估算项目运营期内的收入及各种成本费用，分析项目的盈利能力，评价项目的可融性。

2 研究提出项目拟采用的融资方案，分析融资结构和资金成本。

3 对于债务融资的项目，应进行债务清偿能力分析；对于政府资本金注入项目，应进行财务可持续性分析。

4.3.7 投融资方案及财务方案的编制应遵循下列工作程序：

1 收集、整理和计算有关计算财务指标基础数据与参数等资料。

2 编制融资前项目财务报表，判断项目的盈利能力，评价项目的可融性。

3 提出项目拟采用的融资方案。

4 融资后财务指标的计算与分析。

5 不确定性分析。

6 项目投融资方案及财务方案最终结论。

4.3.8 盈利能力分析应通过编制全部现金流量表、自有资金现金流量表和损益表等基本财务报表，计算财务内部收益率、财务净现值、投资回收期、投资收益率等指标来进行定量判断。

4.3.9 财务可持续性分析应根据财务计划现金流量表，综合考察项目计算期内各年度的投资活动、融资活动和经营活动所产生的各项现金流入和流出，计算净现金流量和累计盈余资金，判断项目是否有足够的净现金流量维持项目的正常运营。

4.3.10 清偿能力分析应通过编制资金来源与运用表、资产负债表等基本财务报表，计算借款偿还期、资产负债率、流动比率、速动比率等指标来进行定量判断。

4.3.11 不确定性分析应通过盈亏平衡分析、敏感性分析等方法来进行定量判断。同时应通过风险分析预测不确定性因素发生的可能性以及给项目带来经济损失的程度。

4.3.12 风险分析应通过风险识别、风险估计、风险评价与风险应对等环节，进行定性与定量分析。

5 设计阶段

5.1 一般规定

5.1.1 工程造价咨询企业可接受委托承担建设项目设计概算、项目资金计划和施工图预算的编制或审核，以及方案比选和设计优化中的经济比较分析等设计阶段的造价咨询服务。

5.1.2 工程造价咨询企业为做好设计阶段工程造价确定和控制工作，应了解和掌握建设项目基本信息，包含下列内容：

1 已批准的建设项目设计任务书或可行性研究报告。

2 根据规定和要求已办理完毕的建设项目相关文件，以及委托人已签订的各类合同或协议等。

3 工程勘察成果相关文件。

4 建设场地的自然条件和施工条件情况。

5 已完成或基本完成的设计文件。

6 与建设项目相关的其他信息。

5.1.3 工程造价咨询企业应参加相应会议和相关活动，了解和掌握项目的具体情况，作为编制或调整工程造价文件的依据。

5.1.4 工程造价咨询企业为做好设计阶段工程造价确定和控制工作，应收集、整理和应用有关造价资料，包括下列内容：

1 法律、法规、规章、规范性文件和标准的有关规定。

2 国家或地方政府建设和经济政策变化或调整情况。

3 政府有关部门和金融机构发布的价格指数、利率、汇率、税费、保险费率等。

4 本市建设行政管理部门颁发的计价办法和相关规定。

5 工程价格信息。

6 类似项目的各种技术经济指标和参数。

7 类似项目的咨询、供货、施工合同价格和结算价格。

8 委托人按约定提供的项目相关技术经济资料。

9 工程建设其他费用和预备费的依据性资料。

10 与建设项目相关的其他技术经济资料。

5.1.5 工程造价咨询企业应做好造价咨询服务基础资料的收集、整理及成果文件的归档。

5.1.6 设计阶段造价文件表式可采用本标准附录B表格式样。

5.2 项目资金计划

5.2.1 工程造价咨询企业应根据经批准或确定的投资总额、项目实施计划和相关合同约定编制项目资金计划，项目资金计划应根据项目实施计划、相关合同约定和规划、建设单位资金情况等定期适时调整。

5.2.2 工程造价咨询企业编制项目资金计划应包括下列步骤：

1 了解和熟悉设计方案，根据项目功能要求、项目总体的进度计划，以及建设标准提出资金限额的意见和建议。

2 依据投资总额、项目实施计划、主要合同的付款方式等，列出对应时间段的预计支出金额。

3 完成项目资金计划成果文件的编制。

5.2.3 项目资金计划的成果文件应包括下列内容：

1 封面。

2 签署页，包括工程名称及计划编制人、审核人、法定代表人或其授权人等签署栏。

3 编制说明。

4 项目资金计划汇总表。

5 项目资金计划细目表。

5.2.4 项目资金计划成果文件的审核内容，应包括资金计划项目、资金计划时间内预计支出金额等。

5.3 设计方案比选和优化

5.3.1 工程造价咨询企业应按委托人要求，针对设计阶段所提出的不同设计方案或同一设计方案的不同建设要求，编制相应的投资估算进行经济比较分析，并向委托人提供方案经济比选分析报告。

5.3.2 设计方案比选应全面考虑技术层面、经济层面等各方面的因素，运用价值工程原理，对不同方案全寿命周期成本进行分析，从中选出经济效果最优的方案。

5.3.3 全寿命周期成本分析的评价方法主要有费用效率法、固定效率法、固定费用法和权衡分析法等。工程造价咨询企业应按项目的实际情况，配合委托人在合理可行的工程造价范围内，选用合适的评价方法。

5.3.4 工程造价咨询企业应向委托人提出关键分部、主要专业、单位工程、主要单项工程以及全部项目的有关造价方面的意见或建议，供设计方案比选和优化。

5.3.5 设计方案比选和优化应包括下列步骤：

1 对各设计方案熟悉和理解。

2 根据比选的范围和内容确定合理的分析经济评价体系。

3 根据各设计方案调整投资估算。

4 对各设计方案经济指标分析和比选。

5 综合各设计方案的功能、标准、技术、进度和经济等要素，编制造价分析比较报告，提出推荐方案及优化意见和建议，或根据价值工程分析要求提供相关的技术经济分析结果。

5.3.6 设计方案比选和优化的成果文件应包含下列内容：

1 比选说明。

2 比选的各方案主要指标汇总表。

3 建议或结论。

4 其他。

5.3.7 方案比选报告审核的内容应包括项目比选条件、比选分析和比选内容、建议或结论以及其依据等。

5.3.8 工程造价咨询企业应按委托人要求，根据确定的设计方案，制定投资控制总目标和分目标，作为限额设计的要求和主要依据，并协同设计单位进一步对建设项目的功能标准和各单项工程、单位工程、分部分项工程的主要技术经济指标进行分解和分析，确定各分部分项工程合理可行的限额设计指标。

5.4 设计概算

5.4.1 设计概算应控制在已批准或确定的投资估算内。

5.4.2 设计概算应由建设投资、建设期融资费用和流动资金组成。建设投资应包括工程费用、工程建设其他费用和预备费。工程费用应由建筑工程费、设备购置费、安装工程费组成。

5.4.3 设计概算编制或审核时，应收集或按约定要求委托人提供下列资料：

1 已批准的设计方案及投资估算。

2 建设项目资金筹措方案。

3 初步设计图纸及相关说明。

4 建设项目已批准或签定的相关文件、合同、协议等。

5 本标准第 5.1.4 条所列相关资料。

5.4.4 设计概算编制应包括下列步骤：

1 根据初步设计编制设计概算。

2 对设计概算和投资估算进行对比分析。

3 对初步设计提出修正和优化的意见和建议。

4 出席相关会议，介绍和说明设计概算编制方法，并根据评审意见修正设计概算。

5.4.5 设计概算审核的内容,应包括编制范围、编制方法与深度、项目划分与分解、工程量计算与价格、计价依据与费用计取等。

5.4.6 设计概算编制或审核报告应包括下列内容:

1 封面。

2 签署页,包括工程名称及报告编制人、审核人、法定代表人或其授权人等签署栏。

3 目录。

4 编制或审核说明,主要包括:

1) 工程概况。

2) 编制或审核依据。

3) 编制或审核范围。

4) 编制或审核方法。

5) 主要技术经济指标。

6) 费用计算说明。

7) 其他有关说明。

5 总概算表或概算汇总表(编制),主要包括:

1) 总概算表或概算汇总表。

2) 工程建设其他费用表。

3) 综合概算表。

4) 建筑工程概算表。

5) 设备及安装工程概算表。

6) 补充单位估价表。

7) 主要设备、材料数量及价格表。

8) 建筑安装工程工料机分析表。

6 设计概算与投资估算的对比(编制)。

7 设计概算组成项目内容审核意见(审核)。

8 审核结论与建议(审核)。

9 其他附件。

5.4.7 设计概算分总概算、综合概算、单位工程概算三级编制或总概算、单位工程概算二级编制。

5.4.8 当项目建设期价格大幅上涨、政策调整、地质条件发生重大变化和自然灾害等不可抗力因素等原因导致原核定概算不能满足工程实际需要的，应及时向委托人提供书面分析报告，协助委托人申请调整概算并向相关主管部门申报。

5.5 施工图预算

5.5.1 施工图预算编制应控制在已批准或确定的设计概算内，当施工图预算超设计概算时，应及时报告委托人并编制概算调整分析报告，提供相关意见和建议，由委托人报原概算审批部门审批。

5.5.2 施工图预算编制或审核时，应收集或按约定要求委托人提供下列资料：

1 已批准的初步设计文件和设计概算文件。

2 施工图设计项目一览表、各专业设计施工图、工程信息化模型（如有）、设计说明和人工、材料、机械、设备等规范。

3 建设项目已批准或签定的相关文件、合同、协议等。

4 建设项目拟采用的施工组织设计和施工方案。

5 建设项目的管理模式、发包模式及施工条件。

6 本标准第 5.1.4 条所列相关资料。

5.5.3 施工图预算编制应包括下列步骤：

1 根据施工图设计文件编制施工图预算。

2 对施工图预算和设计概算进行对比分析。

3 对施工图设计文件提出调整和修改意见或建议。

4 出席相关会议，介绍和说明施工图预算编制方法，并根据设计修改和会议决定内容调整施工图预算。

5.5.4 施工图预算审核的内容，应包括计算规则、工程量、计价依据，还应包括人工、材料、机械和设备要素预算价格及费率计取等。

5.5.5 施工图预算编制或审核报告应包括下列内容：

1 封面。

2 签署页，包括工程名称及报告编制人、审核人、法定代表人或其授权人等签署栏。

3 目录。

4 编制或审核说明，主要包括：

1）工程概况。

2）编制或审核依据。

3）编制或审核范围。

4）编制或审核方法。

5）主要技术经济指标。

6）费用计算说明。

7）其他有关说明。

5 施工图总预算表或预算汇总表编制，主要包括：

1）总预算表或预算汇总表。

2）工程建设其他费用表。

3）综合预算表（书）和各专业单位工程预算汇总表。

4）建筑工程预算表。

5）设备及安装工程预算表。

6）补充四新技术计价表。

7）主要设备、材料数量及价格表。

8）建筑安装工程工料机分析表。

6 施工图预算和设计概算的对比。

7 施工图预算组成项目内容审核意见（审核）。

8 审核结论与建议（审核）。

9 其他附件。

6 发承包阶段

6.1 一般规定

6.1.1 工程造价咨询企业在发承包阶段可接受委托承担下列造价咨询服务工作内容：

1 招标策划。

2 招标文件的编制或审核。

3 工程量清单的编制或审核。

4 最高投标限价或标底的编制或审核。

5 招标答疑。

6 投标报价编制。

7 回标分析。

8 完善合同条款。

6.1.2 工程造价咨询企业应根据委托人要求，配合做好与发承包相关的工程造价咨询工作。

6.1.3 国有资金投资的建设工程发承包，必须采用工程量清单计价；非国有资金投资的建设工程，宜采用工程量清单计价。工程量清单宜采用综合单价计价。

6.1.4 工程造价咨询企业接受委托编制的最高投标限价应控制在经批准的设计概算范围内，当超过批准的概算时，应及时报告委托人，由其报原概算审批部门审批。

6.1.5 工程造价咨询企业在发承包阶段开展相关工作前应收集和要求委托人提供下列资料：

1 经批准的设计方案。

2 建设场地地质资料以及现场环境、施工条件。

3 初步设计文件(适用于审批类项目),或达到初步设计深度的总体设计文件(适用于备案、核准类项目),以及相应深度的概算。

4 相应建设资金或建设资金来源落实材料。

5 满足招标要求的设计文件,包括图纸和文字说明。

6 编制期有关人工、材料和机械市场价格,同期的有关设备、构配件、成品或半成品市场价格,运输、仓储等费用,施工设备租赁价格等。

7 工程主要材料、设备采购供应标准。

8 采用的工程技术规范、标准或要求。

9 与工程计量、计价相关的技术经济规范、规程、标准及政府主管部门发布的有关规定。

10 其他相关资料等。

6.1.6 发承包阶段造价文件表式可采用本标准附录C表格式样。

6.2 招标策划

6.2.1 工程造价咨询企业应根据《中华人民共和国招标投标法》《中华人民共和国政府采购法》《中华人民共和国招标投标法实施条例》及《上海市建设工程招标投标管理办法》的规定提供招标策划服务,供委托人选择适合的招标形式。

6.2.2 工程造价咨询企业可根据项目的类型、规模及复杂程度、进度要求、建设单位的参与程度、市场竞争状况、造价控制风险等因素开展项目招标策划,主要包括下列内容:

1 发承包模式选择。

2 标段划分。

3 总承包与专业分包之间、各专业分包之间、各标段之间发承包范围的界定。

4 计价方式选择。

5 主要材料、设备供应及采购方式。

6.2.3 工程造价咨询企业应根据设计文件深度、风险分摊、发承包模式以及招标人内部管理要求等因素，在招标策划时建议采用合适的合同价格形式。

6.3 招标文件

6.3.1 工程造价咨询企业可接受委托，按符合法律法规、文本规范完整、条文逻辑清晰、语言表达准确、体现招标策略、满足项目实施要求、具备可实施性的原则，协助项目招标工作组编制或审核工程发承包招标文件，同时应根据招标策划、项目特点和实施要求编制或审核合同条款。

6.3.2 工程造价咨询企业参与编制或审核的相关招标文件应符合现行国家标准《建设工程工程量清单计价规范》GB 50500、各专业工程工程量计算规范以及现行上海市工程建设规范《建设工程招标代理规范》DG/TJ 08—2072 的规定及其他相关管理文件。

6.3.3 工程造价咨询企业可接受委托，参与拟定招标文件中与工程造价有关的下列合同条款内容：

1 合同计价方式的选择。

2 履约保函或保证金的数额及期限。

3 主要材料、设备的供应及采购方式。

4 预付工程款的数额、支付时间及抵扣方式。

5 安全文明施工措施费的支付计划、使用要求等。

6 工程计量与支付工程进度款的方式、数额及时间。

7 工程价款的调整因素、方法、程序、支付及时间。

8 施工索赔与工程签证的程序、金额确认与支付时间。

9 承担计价风险的内容、范围及超出约定内容、范围的调整办法。

10　工程竣工价款结算编制或审核与支付时间。

11　合同解除的价款结算与支付方式。

12　工程质量保证金的数额、预留方式及时间。

13　各标段、总包与专业分包及各专业分包之间的协调、配合责任及其费用计算方式。

14　违约责任及发生工程价款争议的解决方法及时间。

15　与履行合同、支付价款有关的其他事项等。

6.3.4　工程造价咨询企业在编制或审核招标文件的相关条款时，应与招标人或其委托的招标代理机构保持沟通和协调，使工程造价有关条款与招标文件的整体要求相符合，与相关的技术规范和标准或要求相一致。

6.4　工程量清单

6.4.1　工程量清单的编制或审核应依据下列内容：

1　现行国家标准《建设工程工程量清单计价规范》GB 50500及各专业工程工程量计算规范。

2　国家、行业、本市建设行政管理部门颁发的工程计价办法和相关规定。

3　符合招标要求的建设工程设计文件及相关资料。

4　与建设工程有关的标准、规范等技术资料。

5　拟定的招标文件。

6　施工现场情况、水文地勘资料、工程特点及常规施工方案。

7　其他相关资料。

6.4.2　工程量清单中的分部分项工程项目必须载明项目编码、项目名称、项目特征、计量单位和工程量。

6.4.3　工程造价咨询企业按照现行国家标准《建设工程工程量清单计价规范》GB 50500编制工程量清单时，遇到规范缺项的项目可进行补充编制。

6.4.4 工程量清单中的措施项目必须根据现行国家标准《建设工程工程量清单计价规范》GB 50500和本市建设行政管理部门相关规定以及拟建工程的实际情况和特点进行编制或审核。

6.4.5 工程量清单中的其他项目包括暂列金额、暂估价、计日工和总承包服务费，应根据现行国家标准《建设工程工程量清单计价规范》GB 50500及各专业工程工程量计算规范和本市建设行政管理部门相关规定以及拟建工程的实际情况和特点进行编制或审核。

6.4.6 工程量清单编制说明中的相关描述应与招标文件保持一致。

6.4.7 工程量清单编制人应对相关设计文件进行全面、仔细核查，及时向设计单位和委托人反馈发现的问题。

6.5 最高投标限价及标底

6.5.1 建设工程招标设有最高投标限价的，最高投标限价的编制或审核应依据下列内容：

1 现行国家标准《建设工程工程量清单计价规范》GB 50500及各专业工程工程量计算规范。

2 国家、行业、本市建设行政管理部门颁发的工程计价办法和相关规定。

3 建设工程设计文件。

4 拟定的招标文件及招标工程量清单。

5 与建设项目相关的规范、标准、技术资料。

6 施工现场情况、工程特点及常规施工方案。

7 工程价格信息。

8 其他相关资料。

6.5.2 最高投标限价的工程量应依据招标文件发布的工程量清

单确定，最高投标限价的单价应采用综合单价。

6.5.3 工程量清单的综合单价确定应按下列原则：

1 综合单价根据拟定的招标文件和招标工程量清单项目中的特征描述、工作内容及要求计取。

2 综合单价应当包括拟定的招标文件中应由投标人所承担的风险范围及其费用。招标文件中没有明确的，应提请招标人明确。

3 涉及招标工程量清单“材料和工程设备暂估单价表”中列出的材料、工程设备，应按暂估价计入相应子目的综合单价；涉及发包人提供的材料和工程设备，招标文件规定要求计入相应子目综合单价的，应按材料和工程设备供应至现场指定位置的采购供应价计入。

4 综合单价项目应列明计价中所含人工费。

5 综合单价应符合现行国家标准《建设工程工程量清单计价规范》GB 50500 的规定。

6.5.4 措施项目、其他项目应按照现行国家标准《建设工程工程量清单计价规范》GB 50500 及各专业工程工程量计算规范。

6.5.5 工程造价咨询企业编制的最高投标限价不得随意提高或降低。

6.5.6 工程造价咨询企业应将最高投标限价与对应的单项工程综合概算或单位工程概算进行对比，出现实质性偏差时应报告委托人。

6.5.7 工程造价咨询企业可接受委托编制或审核标底，并应符合下列规定：

1 反映市场真实价格，应根据设计文件、设计概算、招标文件，依据有关计价办法，结合市场供求情况，综合考虑投资、工期、质量和常规施工方案等因素合理确定。

2 一个工程只能编制一个标底。

3 标底可供招标人和评标委员会评标时作参考。

4 标底的编制过程和标底内容必须保密。

6.6 招标答疑

6.6.1 工程造价咨询企业可接受委托，参与工程招标答疑工作，应协助委托人对投标人提出的与招标项目工程造价相关的疑问作出书面答复。

6.6.2 工程造价咨询企业参与的招标答疑必须受招标文件的约束，确需超出招标文件约定的，应事先征得招标人的同意。

6.6.3 工程造价咨询企业接受委托进行招标工程量清单和最高投标限价编制的，在协助委托人对投标人的招标疑问进行答复时，对招标工程量清单及最高投标限价的缺陷部分进行调整和补充，应通过发放书面补充招标文件的形式进行处理。

6.7 回标分析

6.7.1 工程造价咨询企业可接受委托，对投标报价进行回标分析。回标分析必须符合招标文件的规定。

6.7.2 工程量清单计价的回标分析工作应包括初步分析和详细分析。

6.7.3 工程造价咨询企业可接受委托，应根据本市建设行政管理部门的有关规定计算确定施工招标工程评标阶段设定的合理最低价。

6.8 发承包合同

6.8.1 工程造价咨询企业可接受委托，根据招标项目中标结果或直接发包项目的谈判结果，完善发承包合同内容供合同各方签署。合同内容可按现行国家《建设工程施工合同(示范文本)》《建设项目工程总承包合同(示范文本)》的规定编制。

6.8.2 工程造价咨询企业可接受委托，协助委托人参与工程发承包合同的谈判，并应对发承包合同中与工程造价相关的条款内容进行解释、提示合同风险。

6.8.3 工程造价咨询企业可接受委托，在招标文件规定的时间内，协助发承包双方签订书面合同，签订的合同条款不得与招标文件及中标人投标文件的内容实质性相违背。

6.8.4 工程造价咨询企业可接受委托，对不实行招标的工程，协助发承包双方按认可的工程价款签订书面合同。国家另有规定的从其规定。

6.9 投标报价

6.9.1 工程造价咨询企业可接受委托编制投标报价文件，投标报价必须符合现行国家《建筑工程施工发包与承包计价管理办法》的规定，不得低于工程成本，不得高于最高投标限价。

6.9.2 投标报价编制应依据下列内容：

1 国家、本市建设行政管理部门颁发的计价办法和相关规定。

2 招标文件、招标工程量清单及其补充文件、答疑纪要。

3 建设工程设计文件及相关资料。

4 施工现场情况、工程特点及施工组织设计或施工方案。

5 建设项目相关的规范、标准、技术资料。

6 投标人企业定额、工程造价数据、工程价格信息、装备及管理水平、成本消耗等。

7 其他相关资料。

6.9.3 投标报价必须按招标工程量清单的项目编码、项目名称、项目特征、计量单位和工程量填报价格。

6.9.4 分部分项工程和措施项目中的单价项目，应根据招标文件和招标工程量清单项目中的特征描述和工程内容确定计算综合单价。综合单价应包括由投标人承担的风险范围及其费用。

6.9.5 措施项目中的总价项目金额应根据招标文件及施工组织设计或施工方案,按本市建设行政管理部门有关规定自主确定。

6.9.6 其他项目报价应按下列原则确定:

1 暂列金额应按招标工程量清单中列出的金额填写。

2 材料、工程设备暂估单价应按招标工程量清单中列出的单价计入综合单价。

3 专业工程暂估价应直接按招标工程量清单中列出的金额填写。

4 计日工应按招标工程量清单中列出的项目和数量,自主确定综合单价并计算计日工金额。

5 总承包服务费应根据招标工程量清单中列出的内容和提出的要求自主确定。

6.9.7 企业管理费和利润应按本市建设行政管理部门的规定自主确定,增值税应按相关规定计算。

6.9.8 招标工程量清单与计价表中列明的所有需要填写单价和合价的项目,均应填写且只允许一个报价。未填写单价和合价的项目,可视为此项费用已包含在已标价工程量清单中其他项目的单价和合价之中,竣工结算时不得重新组价予以调整。

6.9.9 投标报价总价应与分部分项工程费、措施项目费、其他项目费和增值税的合计金额一致。

6.9.10 投标报价应符合招标文件的规定,根据委托人的自身情况和投标策略,可实行差异化报价。

6.9.11 编制投标报价文件时,应认真、仔细审查招标文件及其相关资料,在招标文件规定的时间内对招标文件、设计文件、招标工程量清单及最高投标限价等存在的疑问向招标人书面提出并要求书面回复。

7　施工阶段

7.1　一般规定

7.1.1　工程造价咨询企业在施工阶段可接受委托承担下列造价咨询服务：

1　工程造价控制目标的确定。

2　编制项目资金使用计划。

3　合同管理。

4　工程计量与工程款支付审核。

5　询价与核价。

6　工程变更、工程签证与索赔审核。

7　施工过程结算、专业分包结算、合同中止结算。

8　工程造价动态控制。

7.1.2　工程造价咨询企业应要求委托人提供与施工阶段工程造价相关的文件与资料，包括下列内容：

1　批准的工程初步设计文件及工程概算。

2　招标文件、施工（招标）图纸、工程量清单等相关文件。

3　最高投标限价或施工图预算文件。

4　中标人的投标文件。

5　评标报告、回标分析报告、询标澄清文件等。

6　施工总承包合同、施工专业承包合同以及材料、设备采购合同等。

7　发包人批准认可的施工组织设计。

8　其他相关资料。

7.1.3　工程造价咨询企业应收集下列资料：

1　涉及建设工程造价咨询的法律、法规、规章、规范性文件和标准。

2　国家、行业、本市建设行政管理部门颁发的工程计量、计价标准和相关规定。

3　工程价格信息。

4　可供采用的各类技术经济指标和参数。

5　其他相关资料。

7.1.4　工程造价咨询企业应协助委托人建立和完善施工阶段工程造价确定与控制的管理制度与流程。

7.1.5　施工阶段造价文件表式可采用本标准附录D表格式样。

7.2　工程造价目标控制

7.2.1　工程造价咨询企业可接受委托，并应根据工程质量、工期和风险控制等目标，按批准的设计概算确定本项目造价控制总目标。

7.2.2　工程造价咨询企业应根据造价控制总目标，确定项目单项工程、单位工程、分部分项工程等分目标。

7.2.3　工程造价咨询企业应结合施工合同的签订，分析、分解合同价对应造价控制目标，并对建设项目施工阶段的工程造价实施全过程跟踪、分析、纠偏、调控等动态控制工作，编制并提交建设项目工程造价动态控制分析报告。

7.2.4　施工阶段的工程造价动态分析报告可分月报、季报、年报及专题报告等形式，主要包括下列内容：

1　项目批准概算金额。

2　投资控制目标值。

3　合同拟分包情况及预估合同价。

4　已签发承包合同名称、编号和价款。

5　待签发承包合同预估价。

6　已发生的工程变更和工程签证费用。

7　预计将发生的工程变更和工程签证费用。

8　当前已知工程造价。

9　当前预计工程造价。

10　当前预计工程造价与批准概算或投资控制目标值的差值。

11　可能存在的价款调整项目。

12　主要偏差情况及产生较大或重大偏差的原因分析。

13　必要的说明、意见和建议等。

7.2.5　工程造价咨询企业应与项目各参与人进行联系与沟通，并应动态掌握影响项目工程造价变化的信息情况。对于可能发生的重大工程变更应及时做出对工程造价影响的预测，并应将可能导致工程造价发生重大变化的情况及时告知委托人，提出相关意见和建议。

7.3　项目资金使用计划

7.3.1　工程造价咨询企业应按确定的造价控制目标，并根据相关合同条款、工程款、结算款支付时间、付款条件以及批准的施工组织设计编制项目资金使用计划。

7.3.2　工程款资金使用计划编制依据应包括下列内容：

1　经批准或确定的工程概算、确定的造价控制目标值、最高投标限价(或施工图预算)及中标价。

2　发包人批准认可的施工组织设计。

3　已签订的施工合同及工程建设的其他合同。

4　已确认的工程结算、工程变更、工程签证等相关成果资料。

7.3.3　项目资金使用计划应根据工程变化、施工组织设计、建设工期、建设单位资金情况等实施定期或适时动态调整。

7.4 合同管理

7.4.1 工程造价咨询企业应协助委托人进行合同管理。合同管理分为合同签订前的管理与合同签订后的管理。

7.4.2 合同签订前的合同管理主要包括下列内容：

1 健全合同管理体系。

2 选用合同文本格式。

3 合同条款的拟定。

7.4.3 合同签订后的合同管理主要包括下列内容：

1 合同交底。

2 合同台账管理。

3 合同履约过程动态管理。

4 合同变更、中止管理。

7.4.4 合同交底应做到综合归纳、条理清晰、重点突出，具有实际指导意义，应书面明确关键环节、管理制度、工作流程及相关权限等。

7.4.5 工程造价咨询企业应建立合同管理台账，实施合同履约过程的动态管理。

7.4.6 合同中止履行时，工程造价咨询企业应协助委托人依据双方签订的合同进行合同中止协商和谈判，完成合同中止结算。

7.5 工程计量及工程价款支付

7.5.1 工程造价咨询企业应根据工程施工合同以及工程材料、设备采购等合同中有关工程计量周期、合同价款支付时间的约定条款，及时对工程价款的付款申请书进行审核。

7.5.2 工程造价咨询企业应根据工程合同约定的付款条件与方式，对已完工程进行验工计量，对工程预付款、进度付款等的申请书进行审核，确定本期应付合同价款金额，并向委托人提交合同价款支付审核意见（书）。

7.5.3 工程造价咨询企业应向委托人提交的工程款支付审核意见（书）包括下列内容：

1 累计已完成工程价款及其占合同总价款的比例。

2 累计已支付的工程价款及其占合同总价款的比例。

3 本周期已完成工程的价款及其占合同总价款的比例。

4 本周期已完成计日工金额。

5 应增加和扣减的变更金额及其占合同总价款的比例。

6 应增加和扣减的索赔金额及其占合同总价款的比例。

7 应抵扣的工程预付款。

8 应扣减的质量保证金。

9 根据合同应增加和扣减的其他金额及其占合同总价款的比例。

10 本期实际应支付的工程价款及其占合同总价款的比例。

11 监理工程师复核意见。

12 造价工程师复核意见。

7.5.4 工程造价咨询企业应对咨询的项目建立工程计量及价款支付台账，并按合同分类管理。

7.5.5 工程造价咨询企业可接受委托，对工程建设其他费用的支付进行审核，并建立相应支付台账，编制工程建设其他费用合同价款及支付情况表，并对工程建设其他费用进行分类管理。

7.6 询价与核价

7.6.1 工程造价咨询企业可接受委托，承担人工、主要材料或特殊新型材料、机械、设备及专业工程等市场价格的查询，并应出具相应的价格咨询报告或审核意见。

7.6.2 工程造价咨询企业可接受委托，按合同约定对人工、材料、机械、设备等价格进行审核；合同没有约定的，可参照相关工程价格信息进行审核。

7.7 工程变更、工程签证与索赔

7.7.1 工程造价咨询企业应按委托人要求，对工程合同约定的工程变更、工程签证与索赔进行审核。

7.7.2 工程造价咨询企业应在工程变更、工程签证与索赔确认前，对可能引起的工程造价变化提出专业意见，并对满足施工合同约定的有效工程变更、工程签证与索赔进行审核，同时根据合同及相应的计价规范计算工程变更、工程签证与索赔引起的工程造价变化，计入当期工程造价；工程造价咨询企业认为签署不明或有疑义时，可要求建设单位、设计单位、监理单位、施工单位等进行澄清。

7.7.3 工程造价咨询企业应对工程变更、工程签证与索赔的相关手续及资料进行符合性检查，确保手续及资料的完备性。

7.7.4 工程造价咨询企业对工程变更、工程签证的价款进行审核，应根据合同约定的方式进行计量、计价；合同没有约定的，可参照现行国家标准《建设工程工程量清单计价规范》GB 50500 和各专业工程工程量计算规范实施。

7.7.5 工程造价咨询企业应按合同约定的时间对工程索赔的报告及相应费用进行审核。

7.7.6 工程索赔审核应包括下列内容：

1 索赔事项的时效性、程序的有效性和相关手续的完整性。

2 索赔理由的真实性和正当性。

3 索赔资料的全面性和完整性。

4 索赔依据的关联性。

5 索赔工期和索赔费用计算的准确性。

7.7.7 工程造价咨询企业应在涉及索赔的签证单上签署审核意

见或出具对索赔的审核报告，主要包括下列内容：

1 审核索赔的内容和范围。

2 审核索赔的依据。

3 审核引证的相关合同条款及相应规范文件。

4 审核索赔费用的计算方式及明细。

7.8 施工过程结算、专业分包结算、合同中止结算

7.8.1 工程造价咨询企业在工程施工阶段应根据竣工结算的有关要求，编制或审核施工过程结算、专业工程分包结算和合同中止结算，并向委托人提供相应的结算报告。

7.8.2 施工过程结算、专业工程分包结算的依据、方法、程序与工程竣工结算相同，且应与总包合同承诺的结算计价体系一致。总体措施费结算依据合同约定计算。

7.8.3 合同中止结算应按合同约定，在明确完成界面的基础上进行，方法同施工过程结算，并应将已进场未安装的合格材料及设备费用、已发生的总包管理费用、合同约定的与违约责任人相关的费用等一并纳入结算范围。

8　竣工阶段

8.1　一般规定

8.1.1　工程造价咨询企业在竣工阶段可接受委托承担下列造价咨询服务工作：

1　工程竣工结算的编制或审核。

2　工程竣工决算的编制或审核。

3　项目后评价或绩效评价。

4　缺陷责任期修复费用的编制或审核。

8.1.2　工程造价咨询企业应依据造价咨询合同约定的工作范围、工作内容、工作时限及质量要求完成竣工结算的编制或审核。

8.1.3　工程造价咨询企业在编制或审核竣工结算时，应按合同约定的工程价款确定方式、方法、调整等内容进行竣工结算；当合同中没有约定或约定不明确的，应按合同约定的计价原则，参照本市建设行政管理部门发布的工程计价办法和相关规定，以及本市的工程价格信息等进行竣工结算。

8.1.4　工程造价咨询企业应依据造价咨询合同约定，对于承包人在项目缺陷责任期内未能及时履行保修而发包人另行委托施工单位修复的工程结算进行编制或审核。

8.1.5　竣工阶段造价文件表式可采用本标准附录E表格式样。

8.2　工程竣工结算编制

8.2.1　竣工结算按委托内容可分为建设项目的竣工结算、单项工程竣工结算、单位工程竣工结算及专业分包工程竣工结算。

8.2.2 工程造价咨询企业在编制工程竣工结算报告时，应要求委托人提供下列资料：

1 招标文件、投标文件。

2 中标通知书。

3 施工合同，包括施工总包合同、专业分包合同及其补充合同，材料、设备采购合同。

4 工程勘察成果相关文件。

5 发包人批准认可的施工组织设计和施工进度计划。

6 涉及工程造价的隐蔽工程验收记录。

7 主要材料汇总表，发包人供料、设备明细表。

8 工程竣工图纸、设计交底、工程变更、技术核定、会议纪要和其他相关说明文件。

9 索赔和工程签证单。

10 发包人付款明细表。

11 开工令或开工报告。

12 工程竣工验收报告。

13 施工过程结算文件。

14 有关工程造价调整的有效证明文件。

8.2.3 工程造价咨询企业在编制工程竣工结算报告时，应收集下列资料：

1 相关法律、法规、规章、规范性文件和标准。

2 本市建设行政管理部门发布的计价办法和相关规定。

3 工程价格信息。

4 其他相关资料。

8.2.4 竣工结算报告应包括封面、签署页、目录、编制说明、竣工结算汇总表、单项竣工结算汇总表、单位竣工结算汇总表等。

8.2.5 竣工结算报告编制说明应包括工程概况、编制范围、编制依据、编制方法，工程计量、计价及人工、材料、机械、设备等的价格和费率取定的说明及其他事项。

8.3 工程竣工结算审核

8.3.1 竣工结算审核工作应包括准备阶段、审核阶段和审定阶段，主要包括下列内容：

1 准备阶段应包括收集、整理竣工结算审核项目的审核依据资料，做好送审资料的交验、核实、签收工作，并应对资料等缺陷向委托人提出书面意见及要求。

2 审核阶段应包括现场踏勘核实，召开审核会议澄清问题并形成会议纪要，提出补充依据性资料，完成初步审核意见。

3 审定阶段应包括就竣工结算初步审核意见与发包人及承包人进行沟通，召开协调会议，处理分歧事项，形成竣工结算审核成果文件，签认《上海市建设工程竣工结算价确认单》，提交竣工结算审核报告等。

8.3.2 竣工结算审核应采用全面审核法。除委托咨询合同另有约定外，不得采用重点审核法、抽样审核法或类比审核法等其他方法。

8.3.3 工程造价咨询企业在竣工结算审核过程中，发现工程图纸、工程签证等与事实不符时，应由发承包双方书面澄清事实，并应据实进行调整，如未能取得书面澄清，工程造价咨询企业应进行判断，并就相关问题写入竣工结算审核报告。

8.3.4 在竣工结算审核过程中，发包人、咨询人和相关参与人，可通过专业会商会议，以会商纪要的形式协商解决下列问题：

1 施工合同中约定不明的事宜、需澄清的问题。

2 审核过程中需进一步确认、明确的事宜。

3 对竣工结算审核意见有异议的事项。

4 其他需通过专业会商会议解决的事项。

8.3.5 工程竣工结算审核委托人应提供下列资料：

1 竣工结算送审文件。

2 概、预算文件。

3 招标文件、投标文件。

4 中标通知书。

5 施工合同,包括施工总包合同、专业分包合同及其补充合同,材料、设备采购合同。

6 工程勘察成果相关文件。

7 发包人批准认可的施工组织设计和施工进度计划。

8 涉及工程造价的隐蔽工程验收记录。

9 主要材料汇总表,发包人提供的材料、设备明细表。

10 工程竣工图纸、设计交底、工程变更、技术核定、会议纪要和其他相关说明文件。

11 索赔和工程签证单。

12 发包人付款明细表。

13 开工令或开工报告。

14 工程竣工验收报告。

15 工程量计算书和钢筋翻样清单。

16 施工过程结算文件。

17 有关工程造价调整的有效证明文件。

8.3.6 工程造价咨询企业在编制工程竣工结算审核报告时,应收集下列资料:

1 相关法律、法规、规章、规范性文件和标准。

2 本市建设行政管理部门发布的工程计价办法和相关规定。

3 工程价格信息。

4 现场踏勘复验记录。

5 工程结算审核会议的会商纪要。

6 其他相关资料。

8.3.7 工程造价咨询企业应出具工程竣工结算审核的成果文件,包含下列内容和形式:

1　封面，包括工程名称，编制单位名称，编制日期。

2　签署页，包括工程名称及报告编制人、审核人、法定代表人或其授权人等签署栏。

3　目录。

4　工程竣工结算审核报告，主要包括工程概况及特征、审核范围、审核原则、审核方法、审核依据、审核程序、主要问题及处理情况、审核结果、有关建议及应予以说明的其他必要事项。

5　《上海市建设工程竣工结算价确认单》。

6　工程竣工结算审核表格，主要包括竣工结算审核汇总对比表，单项工程竣工结算审核汇总对比表，单位工程竣工结算审核汇总对比表，分部分项工程量清单与计价审核对比表，措施项目清单与计价审核对比表，安全文明施工清单与计价审核对比表，其他项目清单与计价审核汇总对比表，增值税项目清单结算对比表等。

8.3.8　造价咨询企业可在保障数据权属的基础上，以审核后的工程竣工结算为基础，编制建设工程造价指标，经批准后在政府的公共平台上发布，编制方法及形式可参考现行上海市工程建设规范《建设工程造价指标指数分析标准》DG/TJ 08—2135。

8.4　工程竣工决算编制或审核

8.4.1　工程造价咨询企业承担工程竣工决算编制时，应符合国家有关编制工程竣工决算的规定，并应具备相应的能力、符合人员资格等要求。

8.4.2　工程竣工决算的编制应包括报告封面、说明、竣工财务决算报表等。

8.4.3　建设周期长、建设内容多的大型项目，单项工程竣工具备交付使用条件的，可编报单项工程竣工财务决算，项目全部竣工后应编报竣工财务总决算。

8.4.4 在编制项目竣工财务决算前，工程造价咨询企业应协助项目建设单位做好各项清理工作，包括账目核对及账务调整、财产物资核实处理、债权实现和债务清偿、档案资料归集整理等。

8.4.5 在编制项目竣工财务决算时，工程造价咨询企业应协助项目建设单位将待摊投资支出按合理比例分摊计入交付使用资产价值、转出投资价值和待核销建设项目支出。

8.4.6 工程造价咨询企业应协助项目建设单位确认项目尾工工程费用，尾工工程费用不得超过批准的项目概（预）算总投资的5%。

8.4.7 工程造价咨询企业应协助项目建设单位在项目竣工后，及时编制项目竣工财务决算，项目竣工财务决算内容包括竣工财务决算报表、竣工财务决算说明书以及相关材料。

8.4.8 竣工财务决算报表应包括下列内容：

1 工程项目概况表。

2 工程项目竣工财务决算表。

3 工程项目交付使用资产总表。

4 工程项目交付使用资产明细表。

8.4.9 竣工财务决算说明书应包括下列内容：

1 建设项目概况。

2 会计账务的处理、财产物质清理及债权债务的清偿情况。

3 建设项目结余资金等分配情况。

4 主要技术经济指标的分析、计算情况。

5 建设项目管理及决算中存在的问题、建议。

6 决算与概算的差异和原因分析。

7 需说明的其他事项。

8.4.10 工程造价咨询企业可接受委托，提供竣工决算审核报告，应包括下列内容：

1 项目建设程序的合法性。

2 项目资金来源情况及其使用情况。

3　项目交付使用资产情况。

4　未完工程项目情况。

5　项目资金节余情况。

6　项目的投资控制总结及其项目效益预测。

8.5　项目后评价或绩效评价

8.5.1　工程造价咨询企业可接受委托，对建设项目进行项目后评价。内容应包括项目概况评价、项目效果评价、项目目标评价、项目建设的主要经验教训、存在的问题和相关建议。

8.5.2　项目概况评价应包括项目目标、建设内容及规模、批准概算及执行情况、资金来源及到位情况、建设年限、实施进度、资金管理能力等。

8.5.3　项目效果评价应包括技术水平或创新分析、财务及经济效益、行业或区域经济影响、社会效益、资源开发及综合利用分析、环境和生态影响等。

8.5.4　项目目标评价应包括与发展规划衔接情况、项目目标实现情况、实际运行效果、可持续能力等。

8.5.5　工程造价咨询企业可接受委托，对建设项目进行绩效评价。内容应包括项目概况、绩效目标完成情况分析、偏离绩效目标的原因和下一步改进措施、主要经验教训、绩效评价结论。

8.5.6　项目概况应包括项目内容、总体目标、主要绩效。

8.5.7　绩效目标完成情况分析应包括资金投入情况分析和绩效目标完成情况分析。其中：资金投入情况分析包括资金到位情况、资金执行情况、资金管理情况；绩效目标完成情况分析包括产出指标完成情况、效益指标完成情况、满意度指标完成情况。

8.5.8　绩效评价应包括三个阶段，分别为事前确定绩效目标、事中绩效监控和最终的评价。

9 工程造价鉴定

9.1 一般规定

9.1.1 工程造价咨询企业可接受下列委托人委托的工程造价鉴定工作：

1 人民法院。

2 仲裁机构。

9.1.2 从事工程造价鉴定服务的工程造价咨询企业应具备与承接业务相匹配的能力和符合要求的专业人员。从事鉴定的专业人员应为一级注册造价工程师，具备相应法律、法规专业知识和能力，且专业对口，无不良诚信等记录，具有高级专业技术职务或已连续五年注册执业的经历。

9.1.3 工程造价鉴定应强调独立、客观、公正、合法、合理原则，遵循仅对有争议的事项进行鉴定的原则。

9.1.4 鉴定意见应与鉴定委托文件明确的项目范围、事项和鉴定要求一致，不得擅自超出或缩小委托范围及内容进行鉴定。

9.1.5 工程造价咨询企业和一级注册造价工程师根据相关法律、法规需回避的，应自行回避；未自行回避，委托人、当事人及利害关系人要求其回避的，应回避；工程造价咨询企业主动要求回避的，应说明理由，由委托人作出回避与否的决定；对拟派的一级注册造价工程师主动提出回避且理由成立的，工程造价咨询企业应指派其他符合要求的人员担任鉴定工作。

9.1.6 工程造价鉴定文件表式可采用本标准附录 F 表格式样。

9.2 准备工作

9.2.1 工程造价咨询企业应在收到委托人出具的书面委托文件后开始鉴定业务。

9.2.2 工程造价咨询企业对委托的鉴定范围、事项、鉴定要求、鉴定期限有疑问的，应及时与委托人联系，排除疑问。当事人对委托人在其委托的鉴定范围、事项、鉴定要求或期限等方面有疑问时，工程造价咨询企业应及时向委托人反映，排除疑问。

9.2.3 工程造价鉴定工作应依据下列资料：

1 委托鉴定的具体情况。

2 相关的合同、协议及附件，招投标项目的招标文件，中标标函(含中标通知书、中标的投标文件)。

3 工程图纸等技术经济文件。

4 鉴定项目的施工组织设计、工程质量、工期和工程造价等相关证明资料。

5 争议事项的当事人举证资料。

6 当事人的起诉状(仲裁申请书)、反诉状(仲裁申请书)和答辩状、法庭庭审调查笔录、鉴定调查会议笔录、现场踏勘记录等。

7 当事人认为应当提交的其他资料。

8 咨询人认为所需的其他资料。

在鉴定工作中，委托人要求当事人向鉴定机构提交证据的，鉴定机构应将收到的证据移交委托人，并提请委托人组织质证并确认证据的证明力。

9.2.4 工程造价咨询企业在工程造价鉴定时应收集下列依据性资料：

1 现行并适用于鉴定项目的法律、法规、规章、规范性文件和标准。

2 类似项目的技术经济资料。

3 适合于鉴定项目的各类工程价格信息。

4 其他相关技术经济文件资料。

9.2.5 工程造价咨询企业应根据项目鉴定工作需要提请委托人组织当事人对鉴定的标的物进行现场勘验，并按有关规定制作勘验笔录和勘验图表。

9.3 鉴定工作实施

9.3.1 在工程合同约定合法有效的情况下，鉴定必须采用当事人合同约定的计量、计价方法，不得采用不符合原合同约定的计价方法作出鉴定意见，也不得修改原合同计价条件而作出鉴定意见。

9.3.2 工程造价咨询企业在造价鉴定过程中要求当事人对资料进行补充，应征得委托人同意。若补充资料未经过质证的，应重新质证；接受补充资料的，应按委托人认可的鉴定实施方案或细则开展工作。

9.3.3 对委托人增加新的鉴定要求、发现有遗漏事项、补充新的鉴定资料等情形，工程造价咨询企业应作出补充鉴定意见。

9.3.4 鉴定工作应按照鉴定委托人要求的期限完成。由于项目情况复杂、疑难、当事人不配合等情况，工程造价咨询企业不能在要求的期限内完成鉴定工作时，应按照相关规定提前向鉴定委托人如实反映情况，申请延长鉴定期限，在其允许的延长期限内完成鉴定工作。

9.3.5 对诉讼或申请仲裁前已出具工程结算审核报告或已形成工程结算审核意见书等成果文件的纠纷项目，对原已出具的审核报告或审核意见书中双方无异议的部分应直接采用；如一方当事人提出对该部分工程造价进行鉴定的，则鉴定机构不应再作鉴定。

9.3.6 对原发承包合同等约定标的价款之外的责任事件的计量、计价应按下列原则处理：

1 按照事件记录，肯定明确的责任，合规的证据文件，运用工程造价的专业技术及将隐含价款责任的事件，转换成定量价款的方式，通过计量、计价，确定其价款并按责任分担。

2 对属于权利主张方自身责任的事件，予以否定。

3 举证责任的证据文件存在瑕疵的，视其具体状况分析确定价款责任的分担。

9.4 成果文件

9.4.1 咨询人完成鉴定工作后，应出具完整的工程造价鉴定报告。鉴定报告应包括下列内容：

1 封面。

2 签署页，包括工程名称及报告鉴定人、法定代表人或其授权人等签署栏。

3 致委托人函或鉴定人声明。

4 工程造价鉴定内容和结论。

5 附件。

9.4.2 致委托人函或咨询人声明应包括下列内容：

1 咨询人和鉴定当事人的基本概况。

2 陈述的事实是真实和准确的，确认引用的文件资料是合法有效的。

3 报告内容是咨询人依据工程造价鉴定规定，客观分析、计量、计价、测算、判断的结果。

4 咨询人和咨询人员与鉴定当事人无利害关系。

9.4.3 工程造价鉴定内容和意见书应包括下列内容：

1 综述，包括委托人、当事人概况、委托鉴定内容和要求等。

2 工程造价鉴定标的概述。

3 委托鉴定提供的材料综述、工程造价鉴定的依据。

4 工程造价鉴定的方案、细则、程序、内容及过程。

5 工程造价鉴定过程、工作的有关说明。

6 工程造价鉴定意见。

附录 A　决策阶段表格式样

A.1　投资估算报告封面式样

（工程名称）

投资估算报告

（编制单位）

年　月　日

A.2 投资估算报告签署页式样

（工程名称）

投资估算

档案号：

编制单位盖章：____________________

企业法定代表人或其授权人：____________________

（签字或盖章）

编　制　人：__________　审　核　人：__________

（一级注册造价工程师签字盖专用章）（一级注册造价工程师签字盖专用章）

编制时间：　　年　月　日　　审核时间：　　年　月　日

A.3 投资估算编制说明式样

编 制 说 明

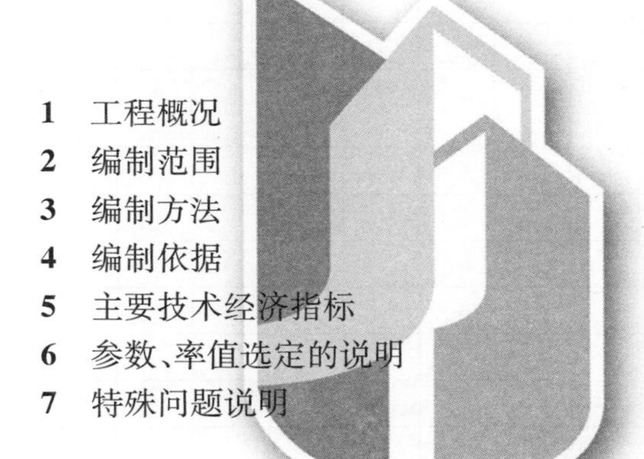

1 工程概况
2 编制范围
3 编制方法
4 编制依据
5 主要技术经济指标
6 参数、率值选定的说明
7 特殊问题说明

A.4 投资估算表式样

投资估算表

工程名称：　　　　　　　　　　　　　　　　　　　　　第　页共　页

序号	工程和费用名称	估算价值(万元)					技术经济指标			
		建筑工程费	设备及工器具购置费	安装工程费	工程建设其他费用	合计	单位	数量	单位价值	%
一	工程费用									
	……									
	小计									
二	工程建设其他费用									
	……									
	小计									
三	预备费									
1	基本预备费									
2	价差预备费									
	小计									
四	建设期融资费用									
	……									
五	流动资金									
	……									
六	投资估算合计									

附录B 设计阶段表格式样

B.1 项目资金计划式样

B.1.1 项目资金计划封面式样

（工程名称）

项目资金计划

（编制单位）

年 月 日

B.1.2 项目资金计划签署页式样

（工程名称）

项目资金计划

工程造价咨询企业盖章：________________________________

企业法定代表人或其授权人：____________________________

（签字或盖章）

编　制　人：________________　审　核　人：________________

（注册造价工程师签字盖专用章）　（一级注册造价工程师签字盖专用章）

编制时间：　　年　月　日　　审核时间：　　年　月　日

B. 1. 3 项目资金计划编制说明式样

编 制 说 明

1 工程概况

2 项目总体进度计划

3 其他应说明的问题

B.1.4 项目资金计划表式样

项目资金计划表

工程名称：　　　　　　　　　　　　　　　　单位：万元　　第　页共　页

序号	工程项目或费用名称	金额	计划开工日期	计划完工日期	总工期	项目资金计划			备注
						××年	……	××年	
一	工程费用								
	……								
二	工程建设其他费用								
	……								
三	预备费								
	……								
四	建设期融资费用								
	……								
五	流动资金								
	……								
	建设项目概算总投资								

B.2 设计概算式样

B.2.1 设计概算封面式样

（工程名称）

设计概算报告

档案号：

共　　册　　第　　册

（编制单位）

年　月　日

B.2.2 设计概算报告签署页式样

（工程名称）

设计 概 算

档案号：

共　　册　　第　　册

编制单位盖章：________________________________

企业法定代表人或其授权人：________________________

（签字或盖章）

编　制　人：________________　审　核　人：________________

（注册造价工程师签字盖专用章）　（一级注册造价工程师签字盖专用章）

编制时间：　年　月　日　　审核时间：　年　月　日

B. 2. 3 设计概算编制说明式样

编 制 说 明

1 工程概况
2 编制依据
3 编制范围
4 编制方法
5 主要技术经济指标
6 费用计算说明
7 其他有关说明

B. 2. 4　总概算表式样

总概算表

工程名称：　　　　　　　　　　单位:万元　　第　页共　页

序号	工程项目或费用名称	建筑工程费	设备购置费	安装工程费	工程建设其他费用	合计	技术经济指标				备注
							单位	数量	单位价值	占总投资比例（%）	
一	工程费用										
	……										
二	工程建设其他费用										
	……										
三	预备费										
	……										
四	建设期融资费用										
	……										
五	流动资金										
	……										
	建设项目概算总投资										

B. 2. 5　工程建设其他费用表式样

工程建设其他费用表

工程名称：　　　　　　　　　　　　　　　　　　　　　　单位:万元　第　页共　页

序号	费用项目名称	费用计算基数	费率(%)	金额	计算式	备注
	合　计					

B.2.6 综合概算表式样

综合概算表

工程名称(单项工程)：　　　　　　　　　　　　单位:万元　　　　第　页共　页

序号	工程项目 或费用名称	建筑 工程费	设备 购置费	安装 工程费	合计
	单项工程概算费用合计				

B.2.7 建筑工程概算表式样

建筑工程概算表

工程名称(单位工程)：　　　　　　　　　　　　　　　　第　页共　页

<table>
<tr><th>序号</th><th colspan="2">工程项目或费用名称</th><th>计算式</th><th>费率(%)</th><th>费用(元)</th><th>备注</th></tr>
<tr><td>一</td><td rowspan="3">直接费</td><td>工、料、机费</td><td>按概算定额子目规定计算</td><td></td><td></td><td>不包含增值税可抵扣进项税额</td></tr>
<tr><td>二</td><td>零星工程费</td><td>(一)×费率</td><td></td><td></td><td></td></tr>
<tr><td>三</td><td>其中：人工费</td><td>概算定额人工费＋零星工程人工费</td><td></td><td></td><td>零星工程人工费按零星工程费的20%计算</td></tr>
<tr><td>四</td><td colspan="2">企业管理费和利润</td><td>(三)×费率</td><td></td><td></td><td>不包含增值税可抵扣进项税额</td></tr>
<tr><td>五</td><td colspan="2">安全文明施工费</td><td>[(一)＋(二)]×费率</td><td></td><td></td><td>同上</td></tr>
<tr><td>六</td><td colspan="2">施工措施费</td><td>[(一)＋(二)]×费率(或按拟建工程计取)</td><td></td><td></td><td>同上</td></tr>
<tr><td>七</td><td colspan="2">小计</td><td>(一)＋(二)＋(四)＋(五)＋(六)</td><td></td><td></td><td></td></tr>
<tr><td>八</td><td colspan="2">增值税</td><td>(七)×增值税税率</td><td></td><td></td><td></td></tr>
<tr><td>九</td><td colspan="2">单位工程概算费用合计</td><td>(七)＋(八)</td><td></td><td></td><td></td></tr>
<tr><td></td><td colspan="2"></td><td></td><td></td><td></td><td></td></tr>
<tr><td></td><td colspan="2"></td><td></td><td></td><td></td><td></td></tr>
<tr><td></td><td colspan="2"></td><td></td><td></td><td></td><td></td></tr>
<tr><td></td><td colspan="2"></td><td></td><td></td><td></td><td></td></tr>
<tr><td></td><td colspan="2"></td><td></td><td></td><td></td><td></td></tr>
</table>

注：施工措施费是指夜间施工，非夜间施工照明，二次搬运，冬雨季施工，地上、地下设施，建筑物的临时保护设施，已完工程及设备保护等其他措施项目费用。

B.2.8　设备及安装工程概算表式样

设备及安装工程概算表

工程名称(单位工程)：　　　　　　　　　　　　　　　　第　页共　页

<table>
<tr><th>序号</th><th colspan="2">工程项目或
费用名称</th><th>计算式</th><th>费率
(%)</th><th>费用
(元)</th><th>备注</th></tr>
<tr><td>一</td><td rowspan="4">直接费</td><td>工、料、机费</td><td>按概算定额子目规定计算</td><td></td><td></td><td>不包含增值税可抵扣进项税额</td></tr>
<tr><td>二</td><td>零星工程费</td><td>(一)×费率</td><td></td><td></td><td></td></tr>
<tr><td>三</td><td>其中:设备费</td><td></td><td></td><td></td><td>不包含增值税可抵扣进项税额</td></tr>
<tr><td>四</td><td>其中:人工费</td><td>概算定额人工费+零星工程人工费</td><td></td><td></td><td>零星工程人工费按零星工程费的20%计算</td></tr>
<tr><td>五</td><td colspan="2">企业管理费和利润</td><td>(四)×费率</td><td></td><td></td><td>不包含增值税可抵扣进项税额</td></tr>
<tr><td>六</td><td colspan="2">安全文明施工费</td><td>[(一)+(二)]×费率</td><td></td><td></td><td>同上</td></tr>
<tr><td>七</td><td colspan="2">施工措施费</td><td>[(一)+(二)]×费率
(或按拟建工程计取)</td><td></td><td></td><td>同上</td></tr>
<tr><td>八</td><td colspan="2">小计</td><td>(一)+(二)+(五)+(六)+(七)</td><td></td><td></td><td></td></tr>
<tr><td>九</td><td colspan="2">增值税</td><td>(八)×增值税税率</td><td></td><td></td><td></td></tr>
<tr><td>十</td><td colspan="2">单位工程概算费用合计</td><td>(八)+(九)</td><td></td><td></td><td></td></tr>
<tr><td></td><td colspan="2"></td><td></td><td></td><td></td><td></td></tr>
<tr><td></td><td colspan="2"></td><td></td><td></td><td></td><td></td></tr>
<tr><td></td><td colspan="2"></td><td></td><td></td><td></td><td></td></tr>
<tr><td></td><td colspan="2"></td><td></td><td></td><td></td><td></td></tr>
</table>

注:施工措施费是指夜间施工,非夜间施工照明,二次搬运,冬雨季施工,地上、地下设施,建筑物的临时保护设施,已完工程及设备保护等其他措施项目费用。

B.2.9 补充单位估价表式样

补充单位估价表

子目名称：

工作内容：

第　页共　页

<table>
<tr><td colspan="4">补充单位估价表编号</td><td></td><td></td><td></td><td></td></tr>
<tr><td colspan="4">定额基价</td><td></td><td></td><td></td><td></td></tr>
<tr><td colspan="4">人工费</td><td></td><td></td><td></td><td></td></tr>
<tr><td colspan="4">材料费</td><td></td><td></td><td></td><td></td></tr>
<tr><td colspan="4">机械费</td><td></td><td></td><td></td><td></td></tr>
<tr><td colspan="2">名称</td><td>单位</td><td>单价</td><td colspan="4">数量</td></tr>
<tr><td colspan="2">综合工日</td><td></td><td></td><td></td><td></td><td></td><td></td></tr>
<tr><td rowspan="7">材料</td><td></td><td></td><td></td><td></td><td></td><td></td><td></td></tr>
<tr><td></td><td></td><td></td><td></td><td></td><td></td><td></td></tr>
<tr><td></td><td></td><td></td><td></td><td></td><td></td><td></td></tr>
<tr><td></td><td></td><td></td><td></td><td></td><td></td><td></td></tr>
<tr><td></td><td></td><td></td><td></td><td></td><td></td><td></td></tr>
<tr><td></td><td></td><td></td><td></td><td></td><td></td><td></td></tr>
<tr><td>其他材料费</td><td></td><td></td><td></td><td></td><td></td><td></td></tr>
<tr><td rowspan="5">机械</td><td></td><td></td><td></td><td></td><td></td><td></td><td></td></tr>
<tr><td></td><td></td><td></td><td></td><td></td><td></td><td></td></tr>
<tr><td></td><td></td><td></td><td></td><td></td><td></td><td></td></tr>
<tr><td></td><td></td><td></td><td></td><td></td><td></td><td></td></tr>
<tr><td></td><td></td><td></td><td></td><td></td><td></td><td></td></tr>
</table>

B.2.10 主要设备、材料数量及价格表式样

主要设备、材料数量及价格表

工程名称：　　　　　　　　　　　　　　　　　　第　页共　页

序号	设备材料名称	规格型号及材质	单位	数量	单价（元）	价格来源	备注

B.2.11 建筑安装工程工料机分析表式样

建筑工程工料机分析表(1)

项目名称：

序号	名称	规格	单位	价格(元)	数量	合价
	人工					
	材料					
	机械					

安装工程工料机分析表(2)

项目名称：

序号	名称	规格	单位	价格(元)	数量	合价
	人工					
	材料					
	机械					

B.2.12 调整概算对比表式样

调整概算对比表

工程名称：　　　　　　　　　　　　　　　　　　　　单位：万元　第　页 共　页

序号	工程项目或费用名称	原批准概算					调整概算					差额（调整概算减原批准概算）	备注
		建筑工程费	设备购置费	安装工程费	工程建设其他费用	合计	建筑工程费	设备购置费	安装工程费	工程建设其他费用	合计		
一	工程费用												
	……												
二	工程建设其他费用												
	……												
三	预备费												
	……												
四	建设期融资费用												
	……												
五	流动资金												
	……												
	建设项目概算总投资												

B.2.13 设计概算与投资估算对比表式样

设计概算与投资估算对比表

工程名称：　　　　　　　　　　　　　　　　　　单位：万元　第　页共　页

序号	工程项目或费用名称	投资估算					设计概算					差额（设计概算减投资估算）	备注
		建筑工程费	设备购置费	安装工程费	工程建设其他费用	合计	建筑工程费	设备购置费	安装工程费	工程建设其他费用	合计		
一	工程费用												
	……												
二	工程建设其他费用												
	……												
三	预备费												
	……												
四	建设期融资费用												
	……												
五	流动资金												
	……												
	建设项目概算总投资												

B.3 施工图预算式样

B.3.1 施工图预算封面式样

（工程名称）

施工图预算

档案号：

共　　册　　第　　册

（编制单位）

年　月　日

B. 3. 2 施工图预算签署页式样

（工程名称）

施工图预算

档案号：

共　　册　　第　　册

工程造价咨询企业盖章：________________________________

企业法定代表人或其授权人：____________________________

（签字或盖章）

编　制　人：________________ 审　核　人：________________

（注册造价工程师签字盖专用章）　（一级注册造价工程师签字盖专用章）

编制时间：　　年　月　日　　审核时间：　　年　月　日

B. 3. 3　施工图预算编制说明式样

编 制 说 明

1　工程概况

2　编制依据

3　编制范围

4　编制方法

5　主要技术经济指标

6　费用计算说明

7　其他有关说明

B.3.4 总预算表式样

总预算表

工程名称：　　　　　　　　　　　　　　　　　　　　单位：万元　　第　页共　页

序号	工程项目或费用名称	建筑工程费	设备购置费	安装工程费	工程建设其他费用	合计	技术经济指标				备注
							单位	数量	单位价值	占总投资比例（%）	
一	工程费用										
	……										
二	工程建设其他费用										
	……										
三	预备费										
	……										
四	建设期融资费用										
	……										
五	流动资金										
	……										
	建设项目预算总投资										

B.3.5 工程建设其他费用表式样

工程建设其他费用表

工程名称：　　　　　　　　　　　　　　　　　　　　单位：万元　第　页共　页

序号	费用项目名称	费用计算基数	费率(%)	金额	计算式	备注
	合　计					

B.3.6 综合预算表式样

综合预算表

工程名称(单项工程)： 单位:万元 第 页共 页

序号	工程项目 或费用名称	建筑 工程费	设备 购置费	安装 工程费	合计
	单项工程预算费用合计				

B.3.7 建筑工程预算汇总表式样

建筑工程预算汇总表

工程名称(单位工程)：　　　　　　　　　　　　　　　　第　页共　页

<table>
<tr><th>序号</th><th colspan="2">工程项目或费用名称</th><th>计算式</th><th>费率(%)</th><th>费用(元)</th><th>备注</th></tr>
<tr><td>一</td><td colspan="2">直接费</td><td></td><td></td><td></td><td></td></tr>
<tr><td>1</td><td rowspan="3">其中</td><td>人工费</td><td></td><td></td><td></td><td></td></tr>
<tr><td>2</td><td>材料费</td><td></td><td></td><td></td><td>不包含增值税可抵扣进项税额</td></tr>
<tr><td>3</td><td>施工机具使用费</td><td></td><td></td><td></td><td>同上</td></tr>
<tr><td>二</td><td colspan="2">企业管理费和利润</td><td>$\sum$ 人工费×费率</td><td></td><td></td><td>同上</td></tr>
<tr><td rowspan="2">三</td><td rowspan="2">措施费</td><td>安全文明施工费</td><td>直接费×费率</td><td></td><td></td><td>不包含增值税可抵扣进项税额</td></tr>
<tr><td>施工措施费</td><td>直接费×费率(或按拟建工程计取)</td><td></td><td></td><td>同上</td></tr>
<tr><td>四</td><td colspan="2">小计</td><td>(一)+(二)+(三)</td><td></td><td></td><td></td></tr>
<tr><td>五</td><td colspan="2">增值税</td><td>(四)×增值税税率</td><td></td><td></td><td></td></tr>
<tr><td>六</td><td colspan="2">单位工程预算费用合计</td><td>(四)+(五)</td><td></td><td></td><td></td></tr>
<tr><td></td><td colspan="2"></td><td></td><td></td><td></td><td></td></tr>
<tr><td></td><td colspan="2"></td><td></td><td></td><td></td><td></td></tr>
<tr><td></td><td colspan="2"></td><td></td><td></td><td></td><td></td></tr>
<tr><td></td><td colspan="2"></td><td></td><td></td><td></td><td></td></tr>
<tr><td></td><td colspan="2"></td><td></td><td></td><td></td><td></td></tr>
</table>

注：施工措施费是指夜间施工，非夜间施工照明，二次搬运，冬雨季施工，地上、地下设施，建筑物的临时保护设施，已完工程及设备保护等其他措施项目费用。

B.3.8 建筑工程预算表式样

建筑工程预算表

工程名称(单位工程)： 第　页共　页

序号	项目名称	单位	数量	单价(元)	其中人工费(元)	合价(元)	其中人工费(元)
一	土石方工程						
1	×××××						
2	×××××						
二	砌筑工程						
1	×××××						
2	×××××						
三	楼地面工程						
1	×××××						
2	×××××						
	直接费合计						

B.3.9 设备及安装工程预算汇总表式样

设备及安装工程预算汇总表

工程名称(单位工程)： 第 页共 页

序号	工程项目或费用名称		计算式	费率(%)	费用(元)	备注
一	直接费					
1	其中	人工费				
2		材料费				不包含增值税可抵扣进项税额
3		施工机具使用费				同上
4		设备费				同上
二	企业管理费和利润		$\sum$ 人工费×费率			同上
三	措施费	安全文明施工费	直接费×费率			不包含增值税可抵扣进项税额
		施工措施费	直接费×费率(或按拟建工程计取)			同上
四	小计		(一)+(二)+(三)			
五	增值税		(四)×增值税税率			
六	单位工程预算费用合计		(四)+(五)			

注：施工措施费是指夜间施工，非夜间施工照明，二次搬运，冬雨季施工，地上、地下设施，建筑物的临时保护设施，已完工程及设备保护等其他措施项目费用。

B.3.10 设备及安装工程预算表式样

设备及安装工程预算表

工程名称(单位工程)： 第 页共 页

序号	项目名称	单位	数量	单价（元）	其中人工费（元）	合价（元）	其中人工费（元）	其中设备费（元）	其中主材费（元）
一	设备安装								
1	×××××								
2	×××××								
二	管道安装								
1	×××××								
2	×××××								
三	防腐保温								
1	×××××								
2	×××××								
	直接费合计								

B. 3. 11　补充四新技术计价表式样

补充四新技术计价表

子目名称：

工作内容：

第　页共　页

<table>
<tr><td colspan="4">补充四新技术计价表编号</td><td></td><td></td><td></td><td></td></tr>
<tr><td colspan="4">基价</td><td></td><td></td><td></td><td></td></tr>
<tr><td colspan="4">人工费</td><td></td><td></td><td></td><td></td></tr>
<tr><td colspan="4">材料费</td><td></td><td></td><td></td><td></td></tr>
<tr><td colspan="4">机械费</td><td></td><td></td><td></td><td></td></tr>
<tr><td colspan="2">名称</td><td>单位</td><td>单价</td><td colspan="4">数量</td></tr>
<tr><td colspan="2">综合工日</td><td></td><td></td><td></td><td></td><td></td><td></td></tr>
<tr><td rowspan="7">材料</td><td></td><td></td><td></td><td></td><td></td><td></td><td></td></tr>
<tr><td></td><td></td><td></td><td></td><td></td><td></td><td></td></tr>
<tr><td></td><td></td><td></td><td></td><td></td><td></td><td></td></tr>
<tr><td></td><td></td><td></td><td></td><td></td><td></td><td></td></tr>
<tr><td></td><td></td><td></td><td></td><td></td><td></td><td></td></tr>
<tr><td></td><td></td><td></td><td></td><td></td><td></td><td></td></tr>
<tr><td>其他材料费</td><td></td><td></td><td></td><td></td><td></td><td></td></tr>
<tr><td rowspan="5">机械</td><td></td><td></td><td></td><td></td><td></td><td></td><td></td></tr>
<tr><td></td><td></td><td></td><td></td><td></td><td></td><td></td></tr>
<tr><td></td><td></td><td></td><td></td><td></td><td></td><td></td></tr>
<tr><td></td><td></td><td></td><td></td><td></td><td></td><td></td></tr>
<tr><td></td><td></td><td></td><td></td><td></td><td></td><td></td></tr>
</table>

B. 3. 12　主要设备、材料数量及价格表式样

主要设备、材料数量及价格表

工程名称：　　　　　　　　　　　　　　　　　　　　　　　　　　第　页共　页

序号	设备材料名称	规格型号及材质	单位	数量	单价 （元）	价格 来源	备注

B. 3. 13　建筑安装工程工料机分析表式样

建筑工程工料机分析表(1)

项目名称：

序号	名称	规格	单位	价格(元)	数量	合价
	人工					
	材料					
	机械					

安装工程工料机分析表(2)

项目名称：

序号	名称	规格	单位	价格(元)	数量	合价
	人工					
	材料					
	机械					

B. 3. 14　预算与概算对比表式样

预算与概算对比表

工程名称：　　　　　　　　　　　　　　　　　　　　单位：万元　第　页共　页

序号	工程项目或费用名称	概算					施工图预算					差额（施工图预算减概算）	备注
		建筑工程费	设备购置费	安装工程费	工程建设其他费用	合计	建筑工程费	设备购置费	安装工程费	工程建设其他费用	合计		
一	工程费用												
	……												
二	工程建设其他费用												
	……												
三	预备费												
	……												
四	建设期融资费用												
	……												
五	流动资金												
	……												
	建设项目概（预）算总投资												

附录C　发承包阶段表格式样

C.1　工程量清单表格式样

C.1.1　招标工程量清单编制报告封面式样

（工程名称）

招标工程量清单

（编制单位）

年　月　日

C.1.2 工程量清单编制报告签署页式样

工程报建号：

______________________工程

工程量清单

	工程造价咨询人/
招标人：______________	招标代理机构：______________
（单位盖章）	（单位盖章）
法定代表人	法定代表人
或其授权人：______________	或其授权人：______________
（签字或盖章）	（签字或盖章）
编　制　人：______________	审　核　人：______________
（注册造价工程师签字盖专用章）	（一级注册造价工程师签字盖专用章）
编制时间：　　年　月　日	审核时间：　　年　月　日

C.1.3 工程量清单总说明式样

总　说　明

工程名称：　　　　　　　　　　　　　　　　　　　　　　第　页共　页

一、工程概况
二、编制依据
三、编制范围
四、主要内容
五、报价依据
六、报价原则
七、其他

C.1.4 分部分项工程量清单与计价表式样

分部分项工程量清单与计价表

工程名称： 标段： 第 页共 页

序号	项目编码	项目名称	项目特征描述	工程内容	计量单位	工程量	金额(元)				备注
							综合单价	合价	其中		
									人工费	材料及设备暂估价	
本页小计											
合计											

注：招标人需以书面形式打印综合单价分析表的，请在备注栏内打“√”。

C.1.5 分部分项工程量清单综合单价分析表式样

分部分项工程量清单综合单价分析表

工程名称：

单体工程名称：　　　　　　　　　　　标段：　　　　　　　　　　　第　页共　页

<table>
<tr><td colspan="2">项目编码</td><td colspan="2"></td><td colspan="2">项目名称</td><td></td><td colspan="2">工程数量</td><td></td><td>计量单位</td><td></td></tr>
<tr><td colspan="12">清单综合单价组成明细</td></tr>
<tr><td rowspan="2">编号</td><td rowspan="2">名称</td><td rowspan="2">单位</td><td rowspan="2">数量</td><td colspan="4">单价</td><td colspan="4">合价</td></tr>
<tr><td>人工费</td><td>材料费</td><td>机械费</td><td>管理费和利润</td><td>人工费</td><td>材料费</td><td>机械费</td><td>管理费和利润</td></tr>
<tr><td></td><td></td><td></td><td></td><td></td><td></td><td></td><td></td><td></td><td></td><td></td><td></td></tr>
<tr><td></td><td></td><td></td><td></td><td></td><td></td><td></td><td></td><td></td><td></td><td></td><td></td></tr>
<tr><td></td><td></td><td></td><td></td><td></td><td></td><td></td><td></td><td></td><td></td><td></td><td></td></tr>
<tr><td></td><td></td><td></td><td></td><td></td><td></td><td></td><td></td><td></td><td></td><td></td><td></td></tr>
<tr><td colspan="2">人工单价</td><td colspan="6">小计</td><td></td><td></td><td></td><td></td></tr>
<tr><td colspan="2">元/工日</td><td colspan="6">未计价材料费</td><td colspan="4"></td></tr>
<tr><td colspan="8">清单项目综合单价</td><td colspan="4"></td></tr>
<tr><td rowspan="7">材料费明细</td><td colspan="5">主要材料名称、规格、型号</td><td>单位</td><td>数量</td><td>单价（元）</td><td>合价（元）</td><td>暂估单价（元）</td><td>暂估合价（元）</td></tr>
<tr><td colspan="5"></td><td></td><td></td><td></td><td></td><td></td><td></td></tr>
<tr><td colspan="5"></td><td></td><td></td><td></td><td></td><td></td><td></td></tr>
<tr><td colspan="5"></td><td></td><td></td><td></td><td></td><td></td><td></td></tr>
<tr><td colspan="5"></td><td></td><td></td><td></td><td></td><td></td><td></td></tr>
<tr><td colspan="7">其他材料费</td><td>—</td><td></td><td>—</td><td></td></tr>
<tr><td colspan="7">材料费小计</td><td>—</td><td></td><td>—</td><td></td></tr>
</table>

注：1. 招标文件提供了暂估单价的材料及工程设备，按暂估的单价填入表内“暂估单价”栏及“暂估合价”栏。

2. 所有分部分项工程量清单项目，均必须编制电子文档形式综合单价分析表。

C.1.6 措施项目清单与计价汇总表式样

措施项目清单与计价汇总表

工程名称： 标段： 第 页共 页

序号	名 称	金额(元)
1	整体措施项目(总价措施费)	
1.1	安全文明施工费	
1.2	其他措施项目费	
2	单项措施费(单价措施费)	
合 计		

C.1.7 安全文明施工清单与计价明细表式样

安全文明施工清单与计价明细表

工程名称： 标段： 第 页共 页

<table>
<tr><th>序号</th><th>编码</th><th>名称</th><th>计量单位</th><th>项目名称</th><th>工程内容及包含范围</th><th>金额（元）</th></tr>
<tr><td></td><td></td><td rowspan="4">环境保护</td><td rowspan="19">项</td><td></td><td></td><td rowspan="4"></td></tr>
<tr><td></td><td></td><td></td><td></td></tr>
<tr><td></td><td></td><td></td><td></td></tr>
<tr><td></td><td></td><td></td><td></td></tr>
<tr><td></td><td></td><td rowspan="4">文明施工</td><td></td><td></td><td rowspan="4"></td></tr>
<tr><td></td><td></td><td></td><td></td></tr>
<tr><td></td><td></td><td></td><td></td></tr>
<tr><td></td><td></td><td></td><td></td></tr>
<tr><td></td><td></td><td rowspan="5">临时设施</td><td></td><td></td><td rowspan="5"></td></tr>
<tr><td></td><td></td><td></td><td></td></tr>
<tr><td></td><td></td><td></td><td></td></tr>
<tr><td></td><td></td><td></td><td></td></tr>
<tr><td></td><td></td><td></td><td></td></tr>
<tr><td></td><td></td><td rowspan="6">安全施工</td><td></td><td></td><td rowspan="6"></td></tr>
<tr><td></td><td></td><td></td><td></td></tr>
<tr><td></td><td></td><td></td><td></td></tr>
<tr><td></td><td></td><td></td><td></td></tr>
<tr><td></td><td></td><td></td><td></td></tr>
<tr><td></td><td></td><td></td><td></td></tr>
<tr><td colspan="6">合 计</td><td></td></tr>
</table>

C.1.8 其他措施项目清单与计价表式样

其他措施项目清单与计价表

工程名称： 标段： 第 页共 页

序号	项目编码	项目名称	工作内容、说明及包含范围	金额(元)
1		夜间施工费		
2		非夜间施工照明费		
3		二次搬运费		
4		冬雨季施工费		
5		地上、地下设施及建筑物的临时保护设施费		
6		已完工程及设备保护费		
7				
8				
…	……			
合 计				

注：投标报价根据拟建工程实际情况报价。

C.1.9 单价措施清单与计价表式样

单价措施项目清单与计价表

工程名称： 标段： 第 页共 页

序号	项目编码	项目名称	项目特征描述	工程内容	计量单位	工程量	金额(元)		
							综合单价	合价	其中
									人工费
本页小计									
合计									

注：招标人需以书面形式打印综合单价分析表的，请在备注栏内打“√”。

C.1.10 其他项目清单汇总表式样

其他项目清单汇总表

工程名称： 标段： 第 页共 页

序号	项目名称	金额(元)	备注
1	暂列金额		填写合计数 (详见暂列金额明细表)
2	暂估价		
2.1	材料及工程设备暂估价		详见材料及工程设备暂估价表
2.2	专业工程暂估价		填写合计数 (详见专业工程暂估价表)
3	计日工		详见计日工表
4	总承包服务费		填写合计数 (详见总承包服务费计价表)
…	……		
合　计			

注：材料及工程设备暂估价此处不汇总，材料及工程设备暂估价进入清单项目综合单价。

C. 1. 10. 1 暂列金额明细表式样

暂列金额明细表

工程名称：　　　　　　　　　　　　　标段：　　　　　　　　　　　　　第　页共　页

序号	项目名称	计量单位	暂定金额(元)	备注
1				
2				
3				
4				
5				
6				
7				
8				
9				
10				
11				
合　计				

注：此表由招标人填写，在不能详列情况下，可只列暂列金额总额，投标人应将上述暂列金额计入投标总价中。

C.1.10.2 材料及工程设备暂估单价表式样

材料及工程设备暂估单价表

工程名称：　　　　　　　　　　　　　标段：　　　　　　　　　　　　第　页共　页

序号	项目清单编号	名称	规格型号	单位	数量	拟发包（采购）方式	发包（采购）人	单价（元）	合价（元）

注：1. 此表由招标人根据清单项目的拟用材料，按照表格要求填写，投标人应将上述材料及工程设备暂估单价计入工程量清单综合单价报价中。
2. 材料包括原材料、燃料、构配件等。

C.1.10.3 专业工程暂估价表式样

专业工程暂估价表

工程名称： 标段： 第 页共 页

序号	项目名称	拟发包(采购)方式	发包(采购)人	金额(元)
合 计				

注：此表由招标人填写，投标人应将上述专业工程暂估价计入投标总价中。

C.1.10.4 计日工表式样

计日工表

工程名称：　　　　　　　　　　　　标段：　　　　　　　　　　　第　页共　页

编号	项目名称	单位	数量	综合单价	合价
一	人工				
1					
2					
3					
…	……				
人工小计					
二	材料				
1					
2					
3					
…	……				
材料小计					
三	施工机械				
1					
2					
3					
…	……				
施工机械小计					
总　　计					

注：此表由投标人根据以往工程施工案例及工程实际情况填报，综合单价应考虑企业管理费和利润因素，有特殊要求请在备注栏内说明。

C.1.10.5 总承包服务费计价表式样

总承包服务费计价表

工程名称：　　　　　　　　　　　　标段：　　　　　　　　　　第　页共　页

序号	项目名称	项目价值（元）	服务内容	费率(%)	金额(元)
1	发包人发包专业工程				
2	发包人供应材料				
…	……				
合　计					

注：此表项目名称及服务内容由招标人填写，供投标人自主报价，计入投标总价中。

C. 1. 11　增值税项目清单与计价表式样

增值税项目清单与计价表

工程名称：　　　　　　　　　　　　　　标段：　　　　　　　　　　　　第　页共　页

序号	项目名称	计算基础	费率(%)	金额(元)
1	增值税	以分部分项工程费＋措施项目费＋其他项目费之和为基数		
合　计				

C.1.12 主要人工、材料、机械及工程设备数量与计价一览表式样

主要人工、材料、机械及工程设备数量与计价一览表

工程名称：　　　　　　　　　　　　标段：　　　　　　　　　　　　第　页共　页

序号	项目编码	人工、材料、机械及工程设备名称	规格型号	单位	数量	金额(元)	
						单价	合价

注：此表应作为合同附件中计价风险调整合同价款依据，由投标人填写。

C.1.13 发包人通过公开招标方式确定的材料和工程设备一览表式样

发包人通过公开招标方式
确定的材料和工程设备一览表

工程名称： 标段： 第 页共 页

序号	材料(工程设备)名称、规格、型号	单位	数量	单价(元)	交货方式	送达地点	备注

注：此表由招标人填写，供投标人在投标报价、确定总承包服务费时参考。

C.2　最高投标限价表格式样

C.2.1　最高投标限价编制报告封面式样

（工程名称）

最高投标限价

（编制单位）

年　月　日

C. 2. 2 最高投标限价编制报告签署页式样

工程报建号：

________________________工程

最高投标限价

最高投标限价(小写)：________________________

(大写)：________________________

招标人：________________

(单位盖章)

工程造价咨询人/
招标代理机构：________________

(单位盖章)

法定代表人
或其授权人：________________

(签字或盖章)

法定代表人
或其授权人：________________

(签字或盖章)

编　制　人：________________
(注册造价工程师签字盖专用章)

审　核　人：________________
(一级注册造价工程师签字盖专用章)

编制时间：　　年　月　日

审核时间：　　年　月　日

C. 2. 3 最高投标限价编制说明式样

最高投标限价编制说明

工程名称：　　　　　　　　　　　　　　　　　　　　　　　　第　页共　页

一、工程概况

（一）概况介绍

（二）主要工作内容

二、招标范围及最高投标限价

三、限价编制依据

四、人工单价、主要材料及工程设备单价、机械单价及费率取定原则

五、其他

C.2.4 最高投标限价汇总表式样

最高投标限价汇总表

工程名称：　　　　　　　　　　　　标段：　　　　　　　　　　　　第　页共　页

序号	汇总内容	金额(元)	其中:材料暂估价(元)
1	单体工程分部分项工程费汇总		
1.1			
1.2			
1.3			
1.4			
1.5			
2	措施项目费		
2.1	整体措施费(总价措施费)		
2.1.1	安全文明施工费		
2.1.2	其他措施项目		
2.2	单项措施费(单价措施费)		
3	其他项目费		
3.1	暂列金额		
3.2	专业工程暂估价		
3.3	计日工		
3.4	总承包服务费		
4	增值税		
合计=1+2+3+4			

注:单项工程、单位工程也使用本汇总表。

C.2.5　最高投标限价分部分项工程费汇总表式样

最高投标限价

分部分项工程费汇总表

工程名称：

单体工程名称：　　　　第　页共　页

序号	分部工程名称	金额（元）	其中：材料及工程设备暂估价（元）
合计			

注：群体工程应以单体工程为单位，分别汇总，并填写单体工程名称。

C.2.6 最高投标限价分部分项工程量清单计价表式样

最高投标限价

分部分项工程量清单计价表

工程名称：

单体工程名称：　　　　　　　　　　　标段：　　　　　　　　　　　第　页共　页

序号	项目编码	项目名称	项目特征描述	工程内容	计量单位	工程量	金额(元)				备注
							综合单价	合价	其中		
									人工费	材料及工程设备暂估价	
本页小计											
合　计											

注：招标人需以书面形式打印综合单价分析表的，请在备注栏内打“√”。

C.2.7 最高投标限价分部分项工程量清单综合单价分析表式样

最高投标限价

分部分项工程量清单综合单价分析表

工程名称：

单体工程名称：　　　　　　　　　　标段：　　　　　　　　　　第　页共　页

<table>
<tr><td colspan="2">项目编码</td><td colspan="2"></td><td colspan="2">项目名称</td><td colspan="2"></td><td colspan="2">工程数量</td><td>计量单位</td><td></td></tr>
<tr><td colspan="12">清单综合单价组成明细</td></tr>
<tr><td rowspan="2">编号</td><td rowspan="2">名称</td><td rowspan="2">单位</td><td rowspan="2">数量</td><td colspan="4">单价</td><td colspan="4">合价</td></tr>
<tr><td>人工费</td><td>材料费</td><td>机械费</td><td>管理费和利润</td><td>人工费</td><td>材料费</td><td>机械费</td><td>管理费和利润</td></tr>
<tr><td></td><td></td><td></td><td></td><td></td><td></td><td></td><td></td><td></td><td></td><td></td><td></td></tr>
<tr><td></td><td></td><td></td><td></td><td></td><td></td><td></td><td></td><td></td><td></td><td></td><td></td></tr>
<tr><td></td><td></td><td></td><td></td><td></td><td></td><td></td><td></td><td></td><td></td><td></td><td></td></tr>
<tr><td></td><td></td><td></td><td></td><td></td><td></td><td></td><td></td><td></td><td></td><td></td><td></td></tr>
<tr><td colspan="2">人工单价</td><td colspan="6">小　计</td><td></td><td></td><td></td><td></td></tr>
<tr><td colspan="2">元/工日</td><td colspan="6">未计价材料费</td><td colspan="4"></td></tr>
<tr><td colspan="8">清单项目综合单价</td><td colspan="4"></td></tr>
<tr><td rowspan="7">材料费明细</td><td colspan="5">主要材料名称、规格、型号</td><td>单位</td><td>数量</td><td>单价（元）</td><td>合价（元）</td><td>暂估单价（元）</td><td>暂估合价（元）</td></tr>
<tr><td colspan="5"></td><td></td><td></td><td></td><td></td><td></td><td></td></tr>
<tr><td colspan="5"></td><td></td><td></td><td></td><td></td><td></td><td></td></tr>
<tr><td colspan="5"></td><td></td><td></td><td></td><td></td><td></td><td></td></tr>
<tr><td colspan="5"></td><td></td><td></td><td></td><td></td><td></td><td></td></tr>
<tr><td colspan="7">其他材料费</td><td>—</td><td></td><td>—</td><td></td></tr>
<tr><td colspan="7">材料费小计</td><td>—</td><td></td><td>—</td><td></td></tr>
</table>

注：1. 招标文件提供了暂估单价的材料及工程设备，按暂估的单价填入表内“暂估单价”栏及“暂估合价”栏。

2. 所有分部分项工程量清单项目，均必须编制电子文档形式综合单价分析表。

C.2.8 最高投标限价措施项目清单汇总表式样

最高投标限价措施项目清单汇总表

工程名称：　　　　　　　　　　　　　　标段：　　　　　　　　　　　　　　第　页共　页

序号	名称	金额(元)
1	整体措施项目(总价措施费)	
1.1	安全文明施工费	
1.2	其他措施项目费	
2	单项措施费(单价措施费)	
合　计		

C.2.9 最高投标限价总价措施项目清单计价表式样

最高投标限价总价措施清单计价表

工程名称： 标段： 第 页共 页

序号	编码	名称	计量单位	项目名称	工程内容及包含范围	计算基础	费率（%）	金额（元）
1	安全文明施工费项目							
		环境保护	项			分部分项工程费中的人工费、材料费和机械费＋单项措施费中的人工费、材料费和机械费		
		文明施工						
		临时设施						
		安全施工						
2	其他措施项目费							
		夜间施工	项			分部分项工程费中的人工费、材料费和机械费＋单项措施费中的人工费、材料费和机械费		
		非夜间施工照明						
		二次搬运						
		冬雨季施工						
		地上、地下设施、建筑物的临时保护设施						
		已完工程及设备保护						
		……						
合 计								

注：项目编码、项目名称和工作内容及包含范围，按照各专业工程工程量清单计算规范要求填写。

C.2.10 最高投标限价单价措施项目清单与计价表式样

最高投标限价单价措施项目清单与计价表

工程名称： 标段： 第 页共 页

序号	项目编码	项目名称	项目特征描述	工程内容	计量单位	工程量	金额(元)			备注
							综合单价	合价	其中	
									人工费	
本页小计										
合　　计										

注：招标人需以书面形式打印综合单价分析表的，请在备注栏内打“√”。

C.2.11　最高投标限价单价措施项目综合单价分析表式样

最高投标限价单价措施项目综合单价分析表

工程名称：　　　　　　　　　　　　　　　　标段：　　　　　　　　　　　　　　第　页共　页

项目编码			项目名称			工程数量			计量单位		
清单综合单价组成明细											
编号	名称	单位	数量	单价				合价			
				人工费	材料费	机械费	管理费和利润	人工费	材料费	机械费	管理费和利润
人工单价		小　计									
元/工日											
清单项目综合单价											
材料费明细	主要材料名称、规格、型号						单位	数量		单价（元）	合价（元）
	其他材料费									—	
	材料费小计									—	

注：1. 如不使用本市或行业建设行政管理部门发布的计价依据，可不填编号。
　　2. 所有单价措施清单项目，均必须编制电子文档形式综合单价分析表。

C.2.12 最高投标限价其他项目清单汇总表式样

最高投标限价其他项目清单汇总表

工程名称： 标段： 第 页共 页

序号	项目名称	金额(元)	备注
1	暂列金额		填写合计数 (详见暂列金额明细表)
2	暂估价		
2.1	材料及工程设备暂估价		详见材料及工程设备暂估价表
2.2	专业工程暂估价		填写合计数 (详见专业工程暂估价表)
3	计日工		详见计日工表
4	总承包服务费		填写合计数 (详见总承包服务费计价表)
…	……		
合 计			

注：材料及工程设备暂估价此处不汇总，材料及工程设备暂估价进入清单项目综合单价。

C.2.12.1 最高投标限价暂列金额明细表式样

最高投标限价暂列金额明细表

工程名称：　　　　　　　　　　　　标段：　　　　　　　　　　　　第　页共　页

序号	项目名称	计量单位	暂定金额(元)	备注
1				
2				
3				
4				
5				
6				
7				
8				
9				
合　计				—

注：此表由招标人填写，在不能详列情况下，可只列暂列金额总额，投标人应将上述暂列金额计入投标总价中。

C.2.12.2 最高投标限价材料及工程设备暂估单价表式样

最高投标限价材料及工程设备暂估单价表

工程名称：　　　　　　　　　　标段：　　　　　　　　　　第　页共　页

序号	项目清单编号	名称	规格型号	单位	数量	拟发包（采购）方式	发包（采购）人	单价（元）	合价（元）

注：1. 此表由招标人根据清单项目的拟用材料，按照表格要求填写，投标人应将上述材料及工程设备暂估单价计入工程量清单综合单价报价中。
2. 材料包括原材料、燃料、构配件等。

C.2.12.3 最高投标限价专业工程暂估价表式样

最高投标限价专业工程暂估价表

工程名称：　　　　　　　　　　　　标段：　　　　　　　　　　　　第　页共　页

序号	项目名称	拟发包(采购)方式	发包(采购)人	金额(元)
		合　计		

注：此表由招标人填写，投标人应将上述专业工程暂估价计入投标总价中。

C.2.12.4 最高投标限价计日工表式样

最高投标限价计日工表

工程名称： 标段： 第 页共 页

编号	项目名称	单位	暂定数量	综合单价	合价
一	人工				
1					
2					
3					
…	……				
人工小计					
二	材料				
1					
2					
3					
…	……				
材料小计					
三	施工机械				
1					
2					
3					
…	……				
施工机械小计					
总　　计					

注：此表由投标人根据以往工程施工案例及工程实际情况填报，综合单价应考虑企业管理费和利润因素，有特殊要求请在备注栏内说明。

C.2.12.5 最高投标限价总承包服务费计价表式样

最高投标限价总承包服务费计价表

工程名称： 标段： 第 页共 页

序号	工程名称	项目价值(元)	服务内容	费率(%)	金额(元)
1	发包人发包专业工程				
2	发包人供应材料				
…	……				
合计					

注：此表由招标人填写，投标人应将上述专业工程暂估价计入投标总价中。

C.2.13 最高投标限价增值税项目清单计价表式样

最高投标限价增值税项目清单计价表

工程名称：　　　　　　　　　　　　　　　　标段：　　　　　　　　　　　　　　第　页共　页

序号	项目名称	计算基础	费率(%)	金额(元)
1	增值税	以分部分项工程费＋措施项目费＋其他项目费之和为基数		
合计				

注：在计算增值税时，应扣除按规不计税的工程设备费用。

C.2.14 最高投标限价主要人工、材料、机械及工程设备数量与计价一览表式样

最高投标限价主要人工、材料、机械及工程设备数量与计价一览表

工程名称：　　　　　　　　　　　　　　　　　　　　　　　　　第　页共　页

序号	项目编码	人工材料机械工程设备名称	规格型号	单位	数量	金额(元)	
						单价	合价

附录D　施工阶段表格式样

D.1　项目资金使用计划表式样

项目资金使用计划表

工程名称：　　　　编制日期：　　　　年　月　日　　　　第　页共　页

单位：元

序号	项目合同名称	概算金额	合同总价	计划开工日期	计划完工日期	计划总工期（天）	截至××年×月累计已支付金额	截至××年×月尚需支付金额	合同款支付金额计划			竣工验收完成支付金额	质量保证（修）金
									××年×月	……	××年×月		
一、	施工合同												
1													
2													
3													
4													
5													
6													
二、	材料、设备供应合同												
1													
2													
三、	咨询、监理、项目管理等合同												
1													
2													
四、	其他合同												
1	其中：前期管线、动拆迁												
2													

注：应列明主要时间节点（开工日期、竣工日期、出±0.00日期、结构封顶日期、外立面工程完成日期、装饰工程完成日期、外场工程完成日期等）。

D.2　工程预付款支付申请(核准)表

工程预付款支付申请(核准)表

工程名称：　　　　　　　　　　　　　　　　标段：　　　　　　　　　　　　编号：

致：________________________________(发包人全称)

我方根据施工合同的约定，现申请支付工程预付款为(大写)__________元，(小写)________元，请予核准。

序号	名称	金额(元)	备注
1	已签约合同款金额		
2	其中：安全防护、文明施工费金额		
3	……		
4	应支付的工程预付款金额		
5	应支付的安全防护、文明施工费金额		
6	……		
7	合计应支付的工程预付款金额		

承包人(章)

造价人员__________承包人代表__________日期__________

复核意见：	复核意见：
□与合同约定不相符，修改意见见附件。 □与合同约定相符，具体金额由造价工程师复核。 监理工程师__________ 日　　期__________	你方提出的支付申请经复核，应支付的工程预付款金额为(大写)__________元，(小写)__________元。 造价工程师__________ 日　　期__________

审核意见：

□不同意。

□同意，支付时间为本表签发后的15天内。

发包人(章)

发包人代表__________

日　　期__________

注：1. 在选择栏中的"□"内作标识"√"。

2. 本表一式四份，由承包人填报，发包人、监理人、造价咨询人、承包人各存一份。

D.3　工程进度款支付申请(核准)表

工程进度款支付申请(核准)表

工程名称：　　　　　　　　　　　　　　　标段：　　　　　　　　　　　编号：

致：____(发包人全称)

我方于______至________期间已完成了___________工作，根据施工合同的约定，现申请支付本期的工程价款为(大写)_________元，(小写)_______元，请予核准。

承包人(章)

序号	名称	金额(元)	备注
1	累计已完成的工程价款金额		
2	累计已实际支付的工程价款金额		
3	本周期已完成的工程价款金额		
4	本周期完成的计日工金额		
5	本周期应增加和扣减的变更金额		
6	本周期应增加和扣减的索赔金额		
7	本周期应抵扣的预付款金额		
8	本周期应扣减的质保金额		
9	本周期应增加或扣减的其他金额		
10	本周期实际应支付的工程价款金额		

承包人代表__________

日　　期__________

复核意见：

□与实际施工情况不相符，修改意见见附件。

□与实际施工情况相符，具体金额由造价工程师复核。

监理工程师__________

日　　期__________

复核意见：

你方提出的支付申请经复核，本周期已完成工程价款为(大写)__________元，(小写)________元，本期间应支付金额为(大写)________元，(小写)________元。

造价工程师__________

日　　期__________

审核意见：

□不同意。

□同意，支付时间为本表签发后的15天内。

发包人(章)

发包人代表__________

日　　期__________

注：1. 在选择栏中的“□”内作标识“√”。

2. 本表一式四份，由承包人填报，发包人、监理人、造价咨询人、承包人各存一份。

D.4 签约合同价与费用支付情况表式样

签约合同价与费用支付情况表

工程名称：　　　　　　　编制日期：　　年　月　日　　　　　　　第　页共　页

序号	项目合同名称	合同编号	承包单位	合同约定工程款支付节点	合同总价（元）	当前累计已支付工程款金额（元）	当前累计已付工程款比例（%）	未付工程合同价余额（元）	未付工程合同价比例（%）	预计剩余工程用款金额（元）	预计工程总用款与合同价的差值（元）	产生较大或重大偏差的原因分析
一、	施工合同											
1												
2												
二、	材料、设备供应合同											
1												
2												
三、	咨询、监理、管理等合同											
1												
2												
四、	其他合同											
1	其中：前期管线、动拆迁											
2												

D.5 材料(设备)询价(核价)表式样

材料(设备)询价(核价)表

材料或设备名称： 编制日期： 年 月 日 第 页共 页

<table>
<tr><td>工程名称</td><td></td><td>发包人</td><td></td></tr>
<tr><td>承包人</td><td></td><td>监理单位</td><td></td></tr>
<tr><td>询价方式</td><td></td><td>询价时间</td><td></td></tr>
<tr><td colspan="4">询价参加人员：
询价记录：
1.材料(设备)名称：
2.生产厂家：
3.供应商：
4.供应方式及供应单价：
5.材料规格、品种、质地、颜色、等级：
6.辅助材料名称：
7.单价包括的内容：
8.拟购数量：
9.施工单位报价：

咨询(申请)人： 授权代表： 年 月 日</td></tr>
<tr><td colspan="4">监理单位意见：

监理工程师： 年 月 日</td></tr>
<tr><td colspan="4">造价咨询单位意见：

造价工程师： 年 月 日</td></tr>
<tr><td colspan="4">发包人审核意见：

发包人(章)： 发包人代表： 年 月 日</td></tr>
</table>

D.6 工程造价动态管理与控制表式

工程造价动态管理与控制表

工程名称：　　　　　　　　编制日期：　　年　月　日　　　　　　　　第　页共　页

单位：元

序号	项目	项目批准概算金额/投资控制目标金额	合同编号	合同名称	承包单位	签约合同价	预估合同价/待签发承包合同预估价	已发生的工程变更/签证费用	当前已知工程造价	预计将发生的工程变更/签证费用	当前预计工程造价	当前预计工程造价与批准概算(或投资控制目标值)的差值	可能存在的价款调整项目、主要偏差情况及产生较大或重大偏差的原因分析和必要的说明、意见和建议
		A				B	C	D	E=B+D 或 E=C+D	F	G=E+F	H=G−A	
一、													
1													
2													
二、													
1													
2													
三、													
1													
2													

附录 E　竣工阶段表格式样

E.1　工程竣工结算表格式样

E.1.1　工程竣工结算封面式样

（编制单位）

年　月　日

E.1.2 工程竣工结算签署页式样

（工程名称）

竣工结算报告

工程造价咨询企业盖章：＿＿＿＿＿＿＿＿＿＿＿＿＿＿＿＿＿＿

企业法定代表人或其授权人：＿＿＿＿＿＿＿＿＿＿＿＿＿＿＿＿
（签字或盖章）

编　制　人：＿＿＿＿＿＿＿＿　审　核　人：＿＿＿＿＿＿＿＿
（注册造价工程师签字盖专用章）　（一级注册造价工程师签字盖专用章）

编制时间：　　年　月　日　　审核时间：　　年　月　日

E.1.3 工程竣工结算编制说明式样

编 制 说 明

1 工程概况及特征

2 编制范围

3 编制依据

4 编制方法

5 工程计量、计价及人工、材料、机械、设备等价格和费率取定的说明

6 应予以说明的其他必要事项

7 竣工结算总价

E.1.4 工程竣工结算汇总表式样

工程竣工结算汇总表

工程名称： 标段： 第 页共 页

序号	汇总内容	金额(元)
1	单体工程分部分项工程费汇总	
1.1		
1.2		
1.3		
1.4		
…	……	
2	措施项目费	
2.1	整体措施费(总价措施费)	
2.1.1	安全文明施工费	
2.1.2	其他措施项目费	
2.2	单项措施费(单价措施费)	
3	其他项目费	
3.1	专业工程结算价	
3.2	计日工	
3.3	总承包服务费	
3.4	索赔与现场签证	
3.5	工、料、机差价调整额	
…	……	
4	增值税	
合计＝1＋2＋3＋4		

注：单项工程、单位工程也使用本汇总表。

E.1.5 分部分项工程量清单结算表式样

分部分项工程量清单结算表

工程名称：　　　　　　　　　　　　　　标段：　　　　　　　　　　　第　页共　页

序号	项目编码	项目名称	项目特征描述	工程内容	计量单位	工程量	金额(元)		
							综合单价	合价	其中
									人工费
本页小计									
合计									

E.1.6 措施项目清单结算汇总表式样

措施项目结算汇总表

工程名称： 标段： 第 页共 页

序号	项目名称	金额(元)
1	整体措施项目(总价措施费)	
1.1	安全文明施工费	
1.2	其他措施项目费	
2	单项措施费(单价措施费)	
合计		

E.1.7 安全文明施工清单结算费用明细表

安全文明施工清单结算费用明细表

工程名称： 标段： 第 页共 页

<table>
<tr><th>序号</th><th>编码</th><th>项目名称</th><th>项目内容</th><th>金额(元)</th></tr>
<tr><td>1</td><td colspan="4">环境保护</td></tr>
<tr><td>1.1</td><td></td><td></td><td></td><td></td></tr>
<tr><td>1.2</td><td></td><td></td><td></td><td></td></tr>
<tr><td>…</td><td colspan="3">……</td><td></td></tr>
<tr><td colspan="4">小计</td><td></td></tr>
<tr><td>2</td><td colspan="4">文明施工</td></tr>
<tr><td>2.1</td><td></td><td></td><td></td><td></td></tr>
<tr><td>2.2</td><td></td><td></td><td></td><td></td></tr>
<tr><td>…</td><td colspan="3">……</td><td></td></tr>
<tr><td colspan="4">小计</td><td></td></tr>
<tr><td>3</td><td colspan="4">临时设施</td></tr>
<tr><td>3.1</td><td></td><td></td><td></td><td></td></tr>
<tr><td>3.2</td><td></td><td></td><td></td><td></td></tr>
<tr><td>…</td><td colspan="3">……</td><td></td></tr>
<tr><td colspan="4">小计</td><td></td></tr>
<tr><td>4</td><td colspan="4">安全施工</td></tr>
<tr><td>4.1</td><td></td><td></td><td></td><td></td></tr>
<tr><td>4.2</td><td></td><td></td><td></td><td></td></tr>
<tr><td>…</td><td colspan="3">……</td><td></td></tr>
<tr><td colspan="4">小计</td><td></td></tr>
<tr><td colspan="4">合计</td><td></td></tr>
</table>

E.1.8 其他项目清单与计价汇总表式样

其他项目清单与计价汇总表

工程名称： 第 页共 页

序号	项目名称	计量单位	金额(元)	备注
1	专业工程结算价			
2	计日工			
3	总承包服务费			
4	索赔与工程签证			
5	工、料、机差价调整额			
合计				

E.1.9 增值税项目清单结算表

增值税项目清单结算表

工程名称： 标段： 第 页共 页

序号	项目名称	计算基础	费率(%)	金额(元)
1	增值税	以分部分项工程费＋措施项目费＋其他项目费之和为基数		
合计				

注：在计算增值税时，应扣除不列入计税范围的工程设备费用和专业工程结算价。

E.2 工程竣工结算审核表格式样

E.2.1 工程竣工结算审核封面式样

（工程名称）

竣工结算审核报告

（编制单位）

年 月 日

E. 2. 2　工程竣工结算审核签署页式样

（工程名称）

竣工结算审核报告

签约合同价（小写）：________________（大写）：________________

竣工结算价（小写）：________________（大写）：________________

工程造价咨询企业：____________　法定代表人或其授权人：____________

（单位盖章）　　　　　　　　　　　　（签字或盖章）

编　制　人：__________________　审　核　人：______________________

（注册造价工程师签字盖专用章）　（一级注册造价工程师签字盖专用章）

时间：　　年　　月　　日

E.2.3 工程竣工结算审核报告式样

竣工结算审核报告

1 工程概况及特征
2 审核范围
3 审核原则
4 审核方法
5 审核依据
6 审核程序
7 主要问题及处理情况
8 审核结果
9 有关建议
10 应予以说明的其他必要事项

E.2.4.1 上海市建设工程竣工结算价确认单式样

二维码
识别区

上海市建设工程竣工结算价确认单

<table>
<tr><td>项目名称</td><td></td><td>报建号</td><td></td><td>标段号</td><td></td></tr>
<tr><td>标段工程名称</td><td></td><td>工程地址</td><td colspan="3"></td></tr>
<tr><td>发包方</td><td></td><td>承包方</td><td colspan="3"></td></tr>
<tr><td>委托合同书编号</td><td></td><td>结算价确认日期</td><td colspan="3"></td></tr>
<tr><td>送审结算价</td><td></td><td>竣工结算确认价</td><td colspan="3"></td></tr>
<tr><td colspan="2">发包方公章</td><td colspan="2">承包方公章</td><td colspan="2">工程造价咨询企业公章</td></tr>
<tr><td colspan="2">法定代表人或
授权人签字或盖章</td><td colspan="2">法定代表人或
授权人签字或盖章</td><td colspan="2">法定代表人或
授权人签字或盖章</td></tr>
<tr><td colspan="3">发包方审核人签章：
（发包方或其委托的造价咨询企业注册造价工程师）</td><td colspan="3">承包方编制人签章：
（注册造价工程师）</td></tr>
</table>

填报人：　　　　　　　　　　　　　　　　填表日期：　　　年　月　日

注：1. 竣工结算文件经发、承包双方确认后 30 天内，应当进行网上竣工结算文件备案。
　　2. 备案情况可扫右上角二维码进行查询。

E.2.4.2 上海市建设工程竣工结算价确认单式样

上海市建设工程竣工结算价确认单

<table>
<tr><td>项目名称</td><td></td><td>报建号</td><td></td><td>标段号</td><td></td></tr>
<tr><td>标段工程名称</td><td></td><td>工程地址</td><td colspan="3"></td></tr>
<tr><td>发包方</td><td></td><td>承包方</td><td colspan="3"></td></tr>
<tr><td>委托合同书编号</td><td></td><td>结算价确认日期</td><td colspan="3"></td></tr>
<tr><td>送审结算价</td><td></td><td>竣工结算确认价</td><td colspan="3"></td></tr>
<tr><td colspan="2">发包方公章</td><td colspan="2">承包方公章</td><td colspan="2">工程造价咨询企业公章</td></tr>
<tr><td colspan="2">法定代表人或
授权人签字或盖章</td><td colspan="2">法定代表人或
授权人签字或盖章</td><td colspan="2">法定代表人或
授权人签字或盖章</td></tr>
<tr><td colspan="3">发包方审核人签章：
（发包方或其委托的造价咨询企业注册造价工程师）</td><td colspan="3">承包方编制人签章：
（注册造价工程师）</td></tr>
</table>

填报人：　　　　　　　　　　　　　　　　　　填表日期：　　　　年　月　日

注：本表适用于使用非国有资金投资的建设工程项目。

E.2.5 建设项目竣工结算审核汇总对比表式样

建设项目竣工结算审核汇总对比表

工程名称：　　　　　　　　　　　　　　　　　　　　　　　　第　页共　页

序号	单项工程名称	合同价(元)	报审结算金额(元)	审定结算金额(元)	备注
	合计				

E. 2. 6 单项工程竣工结算审核汇总对比表式样

单项工程竣工结算审核汇总对比表

工程名称：　　　　　　　　　　　　　　　　　　　　　　第　页共　页

序号	单位工程名称	合同价(元)	报审结算金额(元)	审定结算金额(元)	备注
	合计				

E.2.7 单位工程竣工结算审核汇总对比表式样

单位工程竣工结算审核汇总对比表

工程名称：　　　　标段：　　　　第　页共　页

序号	汇总内容	合同价(元)	报审结算金额(元)	审定结算金额(元)	备注
1	单体工程分部分项工程费汇总				
1.1					
1.2					
1.3					
1.4					
…	……				
2	措施项目费				
2.1	整体措施费(总价措施费)				
2.1.1	安全文明施工费				
2.1.2	其他措施项目费				
2.2	单项措施费(单价措施费)				
3	其他项目费				
3.1	专业工程结算价				
3.2	计日工				
3.3	总承包服务费				
3.4	索赔与现场签证				
3.5	工、料、机差价调整额				
…	……				
4	增值税				
	合计				
	合计＝1＋2＋3＋4				

E.2.8　分部分项工程量清单与计价审核对比表式样

分部分项工程量清单与计价审核对比表

工程名称：　　　　　　　　　　　　　　　　　　标段：　　　　　　　　　　　　　　　　　　第　页共　页

序号	项目编号	项目名称	项目特征描述	工作内容	计量单位	合同价				原报审				审核后				备注
						工程量	综合单价（元）	合价（元）	其中	工程量	综合单价（元）	合价（元）	其中	工程量	综合单价（元）	合价（元）	其中	
									人工费				人工费				人工费	
本页小计																		
合计																		

E.2.9　措施项目清单与计价审核对比表式样

措施项目清单与计价审核对比表

工程名称：　　　　　　　　　　　　标段：　　　　　　　　　　　　第　页共　页

序号	项目名称	合同价	原报审	审核后	备注
1	整体措施项目(总价措施费)				
1.1	安全文明施工费				
1.2	其他措施项目费				
2	单项措施费(单价措施费)				

E. 2. 10 安全文明施工清单与计价审核对比表式样

安全文明施工清单与计价审核对比表

工程名称： 标段： 第 页共 页

序号	编码	项目名称	项目内容	合同价	原报审	审核后
1	环境保护					
1.1						
1.2						
…	……					
小计						
2	文明施工					
2.1						
2.2						
…	……					
小计						
3	临时设施					
3.1						
3.2						
…	……					
小计						
4	安全施工					
4.1						
4.2						
…	……					
小计						
合计						

E. 2. 11　其他项目清单与计价审核汇总对比表式样

其他项目清单与计价审核汇总对比表

工程名称：　　　　　　　　　　　　　　　　　　　　　　　　　　第　页共　页

序号	项目名称	计量单位	合同价（元）	报审结算金额(元)	审定结算金额(元)	备注
1	专业工程结算价					
2	计日工					
3	总承包服务费					
4	索赔与工程签证					
5	工、料、机差价调整额					

E.2.12 增值税项目清单结算对比表式样

增值税项目清单结算对比表

工程名称： 标段： 第 页共 页

序号	项目名称	计算基础	合同价		原报审		审核后	
1	增值税	以分部分项工程费＋措施项目费＋其他项目费之和为基数	费率（%）	金额（元）	费率（%）	金额（元）	费率（%）	金额（元）
合计								

注：在计算增值税时，应扣除不列入计税范围的工程设备费用和专业工程结算价。

E.2.13 工程预(结)算审核工作会商纪要式样

工程预(结)算审核工作会商纪要

编号:

一、会议时间:

二、会议地点:

三、会议召集人:

四、参加会议人员

委托人:

建设单位:

监理单位:

施工单位:

工程造价咨询企业:

五、会议研究并达成协议的主要内容:

1.

2.

3.

4.

5.

六、本纪要一式五份,委托人、建设单位、监理单位、施工单位及工程造价咨询企业各执一份。

各方签字/盖章:

年　　月　　日

附录F　工程造价鉴定表格式样

F.1　工程造价鉴定意见书封面式样

（工程名称）

工程造价鉴定意见书

档案号：

（编制单位）

年　月　日

F.2 工程造价鉴定意见书签署页式样

（工程名称）

工程造价鉴定意见书

档案号：

工程造价咨询企业盖章：______________________________

企业法定代表人或其授权人：__________________________

鉴定人：________________ 鉴定人：____________________
（一级注册造价工程师签字盖专用章）（一级注册造价工程师签字盖专用章）

编制时间： 年 月 日 审核时间： 年 月 日

本标准用词说明

1 本标准对要求严格程度不同的用词说明按下列原则：

1） 表示很严格，非这样做不可的用词：
正面词采用“必须”；
反面词采用“严禁”。

2） 表示严格，在正常情况均应这样做的用词：
正面词采用“应”；
反面词采用“不应”或“不得”。

3） 表示有选择，在条件许可首先应这样做的用词：
正面词采用“宜”或“可”；
反面词采用“不宜”或“不可”。

4） 表示有选择，在一定条件下可以这样做的用词，一般采用“可”。

2 条文中指明应按其他有关标准、规范和规定执行的写法为“应按……执行”或“应符合……的规定”。

引用标准名录

1 《建设工程造价咨询规范》GB/T 51095
2 《建设工程工程量清单计价规范》GB 50500
3 《工程造价术语标准》GB/T 50875
4 《建设工程招标代理规范》DG/TJ 08—2072

标准上一版编制单位及人员信息

DG/TJ 08—1202—2017

主 编 单 位：上海市建筑建材业市场管理总站
上海市建设工程咨询行业协会

参 编 单 位：上海第一测量师事务所有限公司
上海华瑞建设经济咨询有限公司
上海建经投资咨询有限公司
上海建科造价咨询有限公司
上海联合工程监理造价咨询有限公司
上海正弘建设工程顾问有限公司
上海中世建设咨询有限公司
万隆建设工程咨询集团有限公司
上海现代建筑设计集团工程建设咨询有限公司
上海沪港建设咨询有限公司
上海申元工程投资咨询有限公司

主要起草人员：孙晓东　徐逢治　杨宏巍　张东海
（以下按姓氏笔画排序）
马　军　王应龙　王建忠　朱　坚　刘伟敏
许　奇　何　溪　陈晓宇　施小芹　顾晓辉
夏　宁　夏祥群　郭辰健　陶圣洁　蒋宏彦

上海市工程建设规范

建设工程造价咨询标准

DG/TJ 08—1202—2024

J 10810—2024

条 文 说 明

2024　上海

目 次

Contents

1 总　则

1.0.1 本标准的编制目的与依据。为促进上海现代服务业发展，指导建设工程造价咨询企业及造价从业人员的咨询服务工作，规范建设工程造价咨询服务活动行为，提高建设工程造价咨询成果文件的质量，根据《中华人民共和国建筑法》《中华人民共和国招标投标法》《中华人民共和国档案法》《中华人民共和国招标投标法实施条例》《建筑工程施工发包与承包计价管理办法》《工程造价咨询企业管理办法》《注册造价工程师管理办法》《建设工程价款结算暂行办法》以及《建设工程造价咨询规范》GB/T 51095、《建设工程工程量清单计价规范》GB 50500、《全国人民代表大会常务委员会关于司法鉴定管理问题的决定》等相关法律、法规、规章、规范性文件和标准，制定本标准。

1.0.2 本市指上海市行政区域。市政基础设施工程造价咨询服务活动及其成果文件包括城市道路、桥梁、轨道交通、给水排水管网、燃气管网和园林绿化等工程。其他工程造价咨询服务活动及其成果文件包括工程修缮和维护，以及工程造价合同咨询、造价信息咨询和专题造价咨询等。本标准可适用于检查、评判工程造价咨询服务活动行为和工程造价咨询成果文件的质量标准。

1.0.3 建设工程造价咨询企业和造价从业人员在工程造价咨询服务活动中，应维护社会公共利益和相关当事人的合法权益，其应遵守的工程造价咨询业务的原则如下：

1 合法性原则。主要指工程造价咨询企业和造价从业人员在工程造价咨询服务活动中，应依法、依规执业，提交合格的成果文件，包括主体合法、程序合法、依据合法和成果文件合法。

2 公正性原则。主要指工程造价咨询企业和造价从业人员在工程造价咨询服务活动中,应公正地出具造价咨询成果文件,做到成果文件要体现立场公正、行为公正、方法科学。

3 独立性原则。主要指工程造价咨询企业和造价从业人员在工程造价咨询服务活动中,应不受非正常因素干扰,独立地完成咨询成果文件。

4 客观性原则。主要指工程造价咨询企业和造价从业人员在工程造价咨询服务活动中,应全面、真实、准确地出具造价咨询成果文件,对存在的问题要客观地表述。

5 诚信性原则。主要指工程造价咨询企业和造价从业人员在工程造价咨询服务活动中,应诚实和遵守信誉。

1.0.4 根据《住房和城乡建设部办公厅关于取消工程造价咨询企业资质审批加强事中事后监管的通知》(建办标〔2021〕26 号)的规定,自 2021 年 7 月 1 日起,住房和城乡建设主管部门停止工程造价咨询企业资质审批,工程造价咨询企业按照其营业执照经营范围开展业务,行政机关、企事业单位、行业组织不得要求企业提供工程造价咨询企业资质证明。

1.0.6 合同条款需遵照《中华人民共和国民法典》的规定,并可参照住房和城乡建设部、国家市场监督管理总局制定的《建设工程造价咨询合同(示范文本)》,其有关条款既考虑了现行法律法规对工程发承包计价的相关要求,也考虑了工程造价咨询管理的特殊需要。为加强建设工程造价咨询市场管理和规范市场行为,在开展工程造价咨询业务时,可采用《建设工程造价咨询合同(示范文本)》签订书面造价咨询合同。

1.0.7 工程造价咨询企业的业务范围规定了咨询服务内容,没有规定工程造价咨询企业承接业务的对象,因此,工程造价咨询企业既可以接受发包人的委托,也可以接受承包人的委托,还可以接受行政、审计、仲裁、法院等工程建设第三方的委托,但为了确保其执业公正,对所承接的工程造价咨询项目涉及有利益关联的,工程造价咨询企业及造价从业人员应主动回避。

1.0.8 本条中“工程合同的约定”指委托人与其他参建人的合约;“其他参建人”指参加工程建设的各方单位。

2 术 语

2.0.7 投资估算是以方案设计或可行性研究文件为依据，按照规定的程序、方法和依据，对拟建项目所需总投资及其构成进行的预测和估计。其拟建项目总投资及其构成指项目建设期用于项目的建设投资、建设期融资费用和流动资金等。

2.0.11 招标人设有最高投标限价的，应当在招标时公布最高投标限价的总价、编制依据和方法。

2.0.18 施工过程结算应根据合同约定的节点，结算涉及的已完工程应具备可进行质量验收、相对独立，且可计量计价的条件，审定的施工过程结算文件作为工程竣工结算文件的组成部分。

2.0.21 全过程造价咨询是以决策、设计、发承包、施工中任意阶段作为咨询服务的开始阶段，直至竣工阶段的造价咨询服务。

全过程造价咨询工作可包括：建设项目投资估算的编制与调整或审核，项目投融资及财务方案的编制或评价，设计概算的编制与调整或审核，方案比选、限额设计、优化设计的造价咨询，施工图预算的编制或审核，招标文件的编制或审核，施工合同的相关造价条款的拟定，工程量清单的编制或审核，最高投标限价（或标底）的编制或审核，各类招标项目投标价合理性的分析，建设项目工程造价相关合同履行过程的管理，工程计量支付的确定，审核工程款支付申请，提出资金使用计划建议，施工过程的工程变更、工程签证和工程索赔的处理，提出工程设计、施工方案的优化建议及各方案工程造价的编制与比选，协助委托人进行投资分析、风险控制和融资方案分析，各类工程结算的审核，竣工决算的编制或审核，建设项目后评价或绩效评价和委托人委托的其他工作。

3　基本规定

3.1　业务范围

3.1.2　《住房和城乡建设部关于修改〈工程造价咨询企业管理办法〉〈注册造价工程师管理办法〉的决定》(住建部令第 50 号)中规定了注册造价工程师的执业范围。

3.2　一般规定

3.2.1　工程造价咨询企业在承接具体咨询业务时,一是要依据企业自身的经营范围及其专业人员团队;二是要考虑企业自身以往的业绩;三是要考虑项目的时间要求、质量要求、风险程度,以及项目的人员安排等因素,降低承接业务的风险。

3.4　质量管理

3.4.1　工作规划(或计划)是指导项目造价咨询工作的方案性文件;细则是在工作规划(或计划)的指导下,在落实各专业造价咨询的责任后,由造价各专业负责人制定更具体的可实施性和可操作性业务文件。

工作规划(或计划)和细则的人员安排应包括根据工程造价咨询合同约定或根据项目实际情况确定驻现场的造价从业人员;实施方案应包括工程现场踏勘核实工作内容。

工作规划(或计划)和细则应视具体的工作要求而定。单项设计概算和单项施工图预算,以及工程费用在 200 万元以下的项目，可不编制细则。施工发承包、施工及竣工阶段的阶段性咨询服务则应编制细则。

3.4.4 工程造价咨询企业应按委托咨询合同要求出具成果文件，并应在成果文件或需其确认的相关文件上签章，承担合同主体法律责任，违反者按照《工程造价咨询企业管理办法》的相关条款予以处罚；注册造价工程师应在各自完成的成果文件上签章，承担相应执业责任，违反者按照《注册造价工程师管理办法》的相关条款予以处罚。

承担工程造价咨询业务的编制人应根据执业范围，由具备二级及以上注册造价工程师职业资格的工程造价专业人员担任。编制人应审核委托人提供的书面资料的有效性、合规性，并应对自身所收集的工程计量、计价基础资料和编制依据的全面性、真实性和适用性负责，按工程造价咨询服务合同的要求，编制工程造价咨询成果文件，并整理好工作过程文件，在成果文件签署页上按有关文件规定签字和盖章。

承担工程造价咨询业务的审核人应由具备一级注册造价工程师职业资格的工程造价专业人员担任。审核人应进一步审核委托人提供的书面资料有效性、合规性，编制人使用工程计量、计价基础资料和编制依据的全面性、真实性和适用性，并应对编制人的工作成果做一定比例的复核，对错误的部分提出书面的修改和补充意见，修正、完善工程造价咨询成果文件，并整理好自身的工作过程文件和相关文件，在成果文件签署页上按有关文件规定签字和盖章。

3.5 档案管理

3.5.2 工程造价咨询档案可分为成果文件和过程文件两类。成果文件还包括建设项目后评价或绩效评价文件。工程造价咨询过程文件包括：建设工程造价咨询合同，工程施工合同或协议书，补充合同或补充协议书，中标通知书，招标文件及招标补遗文件，投标文件及其附件，竣工验收报告及竣工验收资料，工程量计算书，钢筋翻样清单，工程结算书及结算资料，施工图纸会审记录，工程的洽商、变更、会议纪要等书面协议或文件，施工过程中材料、设备询（核）价文件，发包人确认的材料、设备价款依据，发包人提供的项目相关文件及材料、设备清单等，以及审核人员的工作底稿及相应的电子文件等。工程造价咨询过程文件是编制工程造价咨询成果文件的基础性资料及依据。

工程造价咨询档案中的成果文件和过程文件的电子文件归档内容应等同纸质文件。电子文件是指在数字设备及环境中形成，以数码形式存储于光盘、磁盘、磁带等载体，依赖计算机等数字设备阅读、处理，并可在通信网络上传送的文件。

3.7 数字服务

3.7.2 工程造价咨询企业应根据《上海市数据条例》，对项目数据的加工使用权等合法分置，进而在保障数据确权的基础上，根据工程造价数据标准，利用工程价格信息，对其造价数据进行整理、挖掘及分析，构建建设工程造价信息数据库，形成造价数字服务能力。建设工程造价信息数据库一般包含下列内容：

1 以工程造价相关法律、法规、规章、规范性文件和标准为内容的政策法规数据库。

2 以各类指标为内容的工程数据库，可以采用估算指标、概算指标、综合单价指标和消耗量指标等形式。

3 以人工、材料、机械和设备等价格为内容的工程要素价格数据库，包括工程造价管理机构发布的或工程造价咨询企业自行收集的工程要素价格信息。

4 以各类典型工程的技术文件为内容的数据库，包括节能、环保、智能等技术数据资源。

5 造价信息数据库宜具备检索、自动匹配、指标调整、分析计算等相应功能。

4 决策阶段

4.1 一般规定

4.1.1 工程造价咨询企业可接受委托承担项目规划、机会研究、项目建议书、可行性研究阶段投资估算的编制或审核,以及项目投融资及财务方案的编制或评价,但必须符合本标准第 1.0.7 条的规定。

4.1.2 投资估算要素价格应反映编制期的市场价格,投资估算应包括建设项目建设期的全部投资。

4.1.3 项目投融资与财务方案是在明确项目产出方案、建设方案和运营方案的基础上,研究项目投资需求和融资方案,判断拟建项目的财务合理性,分析项目对不同主体的价值贡献,为项目投资决策、融资决策和财务管理提供依据。具体要求详见《国家发展改革委关于印发投资项目可行性研究报告编写大纲及说明的通知》(发改投资规〔2023〕304 号)。

4.1.4 投资估算审核主要是审核投资估算编制所采用的编制依据的全面性、时效性和准确性,审核投资估算方法选择的适用性、科学性,审核投资估算编制内容与要求的一致性,审核投资估算的费用项目准确性、全面性和合理性,避免在投资估算编制中出现费用的重复或遗漏。

4.1.5 决策阶段的财务评价的相关表式可采用《建设项目经济评价方法与参数(第三版)》中表格式样。

4.2 投资估算

4.2.1 工程造价咨询企业应按委托人的要求承担投资估算编制

或审核的全部或部分工作，也可接受委托进行主要分部分项工程投资估算的编制或审核。

4.2.2 本条规定了项目建议书阶段和可行性研究阶段投资估算可采用的各种编制方法。

1 生产能力指数法。生产能力指数法是根据已建成的类似建设项目生产能力和投资额，进行粗略估算拟建项目相关投资额的方法。该方法主要应用于设计深度不足、拟建项目与类似建设项目的规模不同、设计定型并系列化、行业内相关指数和系数等基础资料完备的情况。

2 系数估算法。系数估算法是根据已知的拟建项目主体工程费或主要生产工艺设备费为基数，以其他辅助或配套工程费占主体工程费或主要生产工艺设备费的百分比为系数，进行估算拟建项目相关投资额的方法。该方法主要应用于设计深度不足、拟建项目与类似建设项目的主体工程费或主要生产工艺设备投资比重较大、行业内相关系数等基础资料完备的情况。

3 比例估算法。比例估算法是根据已知的同类建设项目主要生产工艺设备投资占整个建设项目的投资比例，先逐项估算出拟建项目主要生产工艺设备投资，再按比例进行估算拟建项目相关投资额的方法。该方法主要应用于设计深度不足、拟建项目与类似建设项目的主要生产工艺设备投资比重较大、行业内相关系数等基础资料完备的情况。

4 指标估算法。指标估算法是把拟建项目以单项工程或单位工程，按建设内容纵向划分为各个主要生产设施、辅助及公用设施、行政及福利设施等工程费用，按费用性质横向划分为建筑工程、设备购置、安装工程等，根据各种具体的投资估算指标，进行各单位工程或单项工程投资的估算，在此基础上汇成拟建项目的各个单项工程费用和拟建项目的工程费用投资估算，再按相关规定估算工程建设其他费用、预备费、建设期利息等，最后形成拟建项目总投资的方法。

5 混合法。混合法是根据主体专业设计的阶段和深度，以及相关投资估算基础资料和数据，对一个拟建项目采用生产能力指数法与比例估算法或系数估算法与比例估算法混合进行估算其相关投资额的方法。

在编制建设项目投资估算时，上述方法可根据项目具体情况，选用一种或几种方法组合使用。

建设项目投资估算无论采用上述何种方法，其投资估算费用内容的分解均应符合本标准第 4.2.3 条的规定。

建设项目投资估算无论采用上述何种方法，均应充分考虑拟建项目设计的技术参数、投资估算所采用的估算系数和估算指标在质和量两方面所综合的内容与口径一致性原则。

建设项目投资估算无论采用上述何种方法，应将所采用的估算系数、估算指标价格和费用水平调整到本市及投资估算编制期的实际水平。对于建设项目的边界条件，如建设用地费、外部交通、水、电、通信条件，或市政基础设施配套条件等差异所产生的与主要生产内容投资无必然关联的费用，应结合建设项目的实际情况予以修正。

4.2.3 建设投资是指用于建设项目的工程费用、工程建设其他费用及预备费用之和；工程费用包括建筑工程费、设备购置费、安装工程费；预备费包括基本预备费和价差预备费。建设期融资费用即建设期内支付给金融机构的资金成本（含为筹集资金而发生的融资费用）。非生产经营性项目可不计算流动资金。

4.2.4 工程造价咨询企业进行投资估算编制时，除确定建设项目总投资及其构成外，还应对主要技术经济指标进行分析。

4.2.5 投资估算的编制依据是保证估算编制精度的基础资料，包括政府部门发布的有关法律、法规、规章、规范性文件和标准；工程造价管理部门发布的适应投资估算的有关规定、投资估算指标、价格信息；与投资估算中有关的参数、费率、价格确定相关的文件及资料。

工程勘察与设计文件包括图示计量或有关专业提供的主要工程量和主要设备清单，以及与建设项目相关的工程地质资料、设计文件、图纸等。

各类合同或协议是指委托人已签订的设备和材料订货合同、咨询合同以及与工程建设其他费用相关的合同等。投资估算编制时，如有合同或协议明确的费用，应首先考虑以合同或协议的金额列入估算中。

投资估算审核依据还包括已编制的投资估算资料。

4.2.6 单独成册的投资估算成果文件主要由封面、签署页、编制说明、投资估算分析、总投资估算表、单项工程估算表、主要技术经济指标等内容组成。对于与项目建议书或可行性研究一起装订的成果文件，可不单设封面、目录和签署页，一般在完成总投资估算表、单项工程估算表编制后，编写编制说明、进行投资估算分析，并将主要技术经济指标在相应表格中体现。

4.2.7 本条规定了投资估算编制说明一般阐述的内容。其中，特殊问题的说明包括：采用新技术、新材料、新设备、新工艺时，应说明价格的确定方法；进口材料、设备、技术费用的构成与计算参数；采用巨型结构、异形结构的费用估算方法；环保投资占总投资的比重；未包括项目或费用的必要说明等。采用限额设计的工程，还应对投资限额和投资分解作进一步说明。采用方案比选的工程，还应对方案比选的估算和经济指标作进一步说明。

4.2.8 投资构成分析可单独成篇，亦可列入编制说明中叙述。其中工程投资占比分析，一般民用建筑项目要分析建筑、装饰、给排水、电气、暖通、空调、动力等主体工程和道路、广场、围墙、大门、室外管线、绿化等室外附属工程占建设总投资的比例；一般工业建筑项目要分析主要生产项目、辅助生产项目、公用工程项目、服务性工程、生活福利设施、厂外工程占建设总投资的比例。

4.2.10 可行性研究投资估算编制应满足国家和地方相关部门对建设项目审批、核准或备案的要求。对项目投资有重大影响的主体工程，单项工程投资估算应估算出分部分项工程量；对于子项单一的大型民用公共建筑，主要单项工程估算应细化到单位工程估算书。项目建议书阶段投资估算依据设计深度，宜参照可行性研究阶段的编制方法进行。

4.2.12 建筑工程费的估算应采用以下方法：

1 建筑物以建筑面积或建筑体积为单位，套用规模相当、结构形式和建筑标准相适应的投资估算指标或类似工程造价资料进行估算。

2 构筑物以延长米、平方米、立方米或座为单位，套用技术标准、结构形式相适应的投资估算指标或类似工程造价资料进行估算。

3 大型土方、总平面布置、道路及场地铺砌、厂区综合管网和线路、围墙大门等，分别以立方米、平方米、延长米为单位，套用技术标准、结构形式相适应的投资估算指标或类似工程造价资料进行估算。

4 公路、铁路、桥梁、隧道、涵洞设施等，分别以米、平方米桥面、平方米断面、道为单位，套用技术标准、结构形式相适应的投资估算指标或类似工程造价资料进行估算。

当无适当估算指标或类似工程造价资料时，可采用计算主体实物工程量套用相关综合定额或概算定额进行估算。

对于单一的民用建筑工程，亦可将建筑安装工程费用中的给排水、采暖、通风空调、电气工程等纳入设备及安装工程费用单独计列。

4.2.13 国产标准设备原价估算。国产标准设备在计算时，一般采用带有备件的原价。占投资比重较大的主体工艺设备出厂价的估算，应在掌握该设备的产能、规格、型号、材质、设备重量的条件下，以向设备制造厂家和设备供应商询价，或类似工程选用设备订货合同价和市场调研价的基础上进行估算。其他小型通用设备出厂价估算，可根据行业和本市市场价格信息进行估算。

国产非标准设备原价估算。非标准工艺设备费估算，同样应在掌握该设备的产能、材质、设备重量、加工制造复杂程度的条件下，以向设备制造厂家、设备供应商或施工安装单位询价，或按类似工程选用设备订货合同价和市场调研价的基础上按技术经济指标进行估算。非标准设备估价应包括非标准设备的设计、制造、包装、利润、税金等全部费用。

进口设备（材料）原价估算。一般是在向设备制造厂家和设备供应商询价，或按类似工程选用设备订货合同价和市场调研得出的进口设备价的基础上，加各种税费在内的全部费用。

投资估算阶段进口设备的原价可分为离岸价（FOB）和到岸价（CIF）两种情况分别计算：

采用离岸价（FOB）为基数计算时，进口设备原价＝离岸价（FOB）×综合费率。

综合费率应包括国际运费及运输保险费、银行财务费、外贸手续费、关税和增值税等税费。

采用到岸价（CIF）为基数计算时，进口设备原价＝到岸价（CIF）×综合费率。

综合费率应包括银行财务费、外贸手续费、关税和增值税等税费。

对于进口综合费率的确定，应根据进口设备（材料）的品种、运输交货方式、设备（材料）询价所包括的内容、进口批量的大小等，按照国家相关部门的规定和参照设备进口环节涉及的中介机构习惯做法确定。

设备运杂费估算（包括进口设备国内运杂费）。一般根据行业或本市政府相关部门的规定，以设备出厂价格或进口设备原价的百分比估算。

以上设备原价加上设备运杂费构成设备购置费。

备品备件费估算一般应根据设计所选用的设备特点，按设备费百分比估算，估算时并入设备费。

工具、器具及生产家具购置费的估算应以设备费为基数，依据同类项目工具、器具及生产家具购置费占设备费的比例进行计算，并列入设备购置费。

4.2.14 安装类型一般分为工艺设备、工艺金属结构和工艺管道、工业炉窑砌筑和工艺保温或绝热、变配电、自控仪表。各安装费按下列方法估算：

1 工艺设备安装费估算。以单项工程为单元，根据单项工程的专业特点和各种具体的投资估算指标，采用按设备费百分比估算指标，或根据单项工程设备总重，采用元/吨估算指标进行估算。

2 工艺金属结构和工艺管道估算。以单项工程为单元，根据设计选用的材质、规格，以吨为单位，套用技术标准、材质和规格、施工方法相适应的投资估算指标或类似工程造价资料进行估算。

3 工业炉窑砌筑和工艺保温或绝热估算。以单项工程为单元，根据设计选用的材质、规格，以吨、立方米或平方米为单位，套用技术标准、材质和规格、施工方法相适应的投资估算指标或类似工程造价资料进行估算。

4 变配电安装工程估算。以单项工程为单元，根据设计的具体内容，一般先按材料费占变配电设备费百分比投资估算指标计算出安装材料费，再分别根据相适应的占设备百分比或占材料百分比的投资估算指标或类似工程造价资料计算设备安装费和材料安装费。

5 自控仪表安装工程估算。以单项工程为单元，根据设计的具体内容，一般先按材料费占自控仪表设备费百分比投资估算指标计算出安装材料费，再分别根据相适应的占设备百分比或占材料百分比的投资估算指标或类似工程造价资料计算设备安装费和材料安装费。

4.2.15 工程建设其他费用中的建设管理费包括建设单位管理

人员工资及有关费用、办公费、差旅交通费、劳动保护费、工具用具使用费、固定资产使用费、办公及生活用品购置费、通信设备及交通工具购置费、零星固定资产购置费、技术图书资料费、业务招待费、设计审查费、工程招标费、合同契约公证费、法律顾问费、咨询费、工程监理费、工程质量监督费、完工清理费、竣工验收费、印花税和其他管理性质开支。如建设管理采用工程总承包方式，其总包管理费由建设单位与总承包单位根据总承包单位工作范围在合同中约定，从建设管理费中支出。

生产准备费是在建设期内建设单位为保证项目正常生产而发生的人员培训费、提前进厂费，以及投产使用必备的办公、生活家具用具等的购置费用。

4.2.16 工程建设其他费用是建设项目建设投资中通常发生的费用，估算时要区分不同项目类别，分别套用工程建设其他费用规定或该类有关费用的合同、协议计算，不发生时不计取。

4.2.17 基本预备费率的大小，应根据建设项目的设计深度、在估算中所采用的各项估算指标与设计内容的贴近度，以及本市政府相关部门的具体规定确定。

4.2.18 工程项目从决策始到竣工投产止的时间一般较长，价格、利率、汇率等因素的影响较大，因此价差预备费估算时，一般应考虑建设期的价格、利率及汇率变动等因素影响。价差预备费应根据国家或行业主管部门的具体规定估算。

4.2.19 建设期融资费用的估算，若融资方式为银行借款，应根据建设期资金用款计划，按当年借款在当年年中支用考虑，即当年借款按半年计息，上年借款按全年计息。贷款利息计算中的年利率应综合考虑债务资金发生的手续费、承诺费、管理费、信贷保险费等融资费用。

4.2.20 本条规定了可行性研究阶段和项目建议书阶段流动资金估算采用的方法。

1 分项详细估算法。分项详细估算法是根据周转额与周转速度之间的关系,对构成流动资金的各项流动资产和流动负债分别进行估算。

2 扩大指标估算法。扩大指标估算法是根据销售收入、经营成本、总成本费用等与流动资金的关系和比例来估算流动资金。

4.3 投融资方案及财务方案

4.3.1 工程造价咨询企业编制或评价建设项目投融资方案及财务方案的核心内容是研究项目投资需求和融资方案,计算有关财务评价指标,评价项目盈利能力、偿债能力和财务持续能力,据以判断拟建项目的财务合理性。

4.3.2 建设项目可从不同的角度进行分类。按项目的目标,分为经营性项目和非经营性项目;按项目的投资管理形式,分为政府投资项目和企业投资项目;按项目产出属性,分为公共项目和非公共项目;按项目与企业原有资产关系,分为新建项目和改扩建项目;按项目的融资主体,分为新设法人项目和既有法人项目。项目还可以从其他角度进行分类,这些分类对经济评价内容、评价方法、效益与费用估算、报表设置都有重要影响。

对于实行审批制的政府投资项目,应根据政府投资主管部门的要求,按照国家发布的《建设项目经济评价方法与参数》执行;对于核准制和备案制的企业投资项目,可根据核准部门和备案部门以及投资者的要求,选用建设项目经济评价的方法和参数。

建设项目可行性研究阶段的投融资方案及财务方案,应系统分析、计算项目的建设期融资费用,结合项目运营期内的负荷要求,估算项目营业收入、补贴性收入及各种成本费用,通过项目自身的盈利能力分析,评价项目可融资性。通过多方案经济比选推荐最佳方案,对项目财务可行性、经济合理性、投资风险等进行全面的评价。项目规划、机会研究、项目建议书阶段的投融资方案及财务方案可适当简化。

4.3.3 建设项目投融资方案及财务方案的计算期包括建设期和运营期。建设期应参照项目建设的合理工期或项目建设进度计划合理确定，运营期应根据项目的合理经济寿命确定。

4.3.4 根据项目性质，确定适合的评价方法。结合项目运营期内的负荷要求，估算项目营业收入、补贴性收入及各种成本费用，并按相关行业要求提供量价协议、框架协议等支撑材料。通过项目自身的盈利能力分析，评价项目可融资性。对于政府直接投资的非经营性项目，开展项目全生命周期资金平衡分析，提出开源节流措施。对于政府资本金注入项目，计算财务内部收益率、财务净现值、投资回收期等指标，评价项目盈利能力；营业收入不足以覆盖项目成本费用的，提出政府支持方案。对于综合性开发项目，分析项目服务能力和潜在综合收益，评价项目采用市场化机制的可行性和利益相关方的可接受性。

4.3.5 定量分析与定性分析相结合，以定量分析为主的原则。财务方案的本质就是要对拟建项目在整个计算期的经济活动，通过效益与费用的计算，对项目经济效益进行分析和比较。一般来说，项目财务方案要求尽量采用定量指标，但对一些不能量化的经济因素，不能直接进行数量分析，对此要求进行定性分析，并与定量分析结合起来进行评价。

动态分析与静态分析相结合，以动态分析为主的原则。动态分析是指利用资金时间价值的原理对现金流量进行折现分析。静态分析是指不对现金流量进行折现分析。项目财务方案的核心是折现，所以分析评价要以动态指标为主。静态指标与一般的财务和经济指标内涵基本相同，比较直观，但是只能作为辅助指标。

4.3.6 若采用政府投资，需说明项目申请财政资金投入的必要性和方式，明确资金来源，提出形成资金闭环的管理方案。对于政府资本金注入项目，需说明项目资本金来源和结构、与金融机构对接情况，研究采用权益型金融工具、专项债、公司信用类债券等融资方式的可行性，主要包括融资金额、融资期限、融资成本等关键要素。对于具备资产盘活条件的基础设施项目，研究项目建成后采取基础设施领域不动产投资信托基金（REITs）等方式盘活存量资产、实现项目投资回收的可能路径。

4.3.8 盈利能力分析主要考察项目的盈利水平，应编制全部投资现金流量表、自有资金现金流量表和损益表三个基本财务报表，在此基础上，通过这三个基本财务报表中的有关数据计算财务内部收益率、财务净现值、投资回收期、投资收益率等指标来分析确定建设项目的盈利水平。

4.3.9 财务可持续性分析应在财务分析辅助表与利润分配表的基础上编制财务计划现金流量表，通过考察项目计算期内的投资、融资和经营活动所产生的各项现金流入和流出，计算净现金流量和累计盈余资金，分析项目是否有足够的净现金流量维持正常运营，以实现财务可持续性。

4.3.10 清偿能力分析主要考察项目的偿债水平，应编制资金来源与运用表和资产负债表等基本财务报表，通过计算借款偿还期、资产负债率、流动比率、速动比率等指标来分析确定建设项目的偿债水平。政府投资或政府付费类项目还要分析评价当地财政可负担性和是否可能引发隐性债务等情况。

4.3.11 不确定性分析是指在信息不足，无法用概率描述因素变动规律的情况下，估计可变因素变动对项目可行性的影响程度及项目承受风险能力的一种分析方法。建设项目的不确定性分析通过盈亏平衡分析、敏感性分析等方法来确定。

4.3.12 风险是指由于不确定性的存在导致项目实施后偏离预期财务和经济效益目标的可能性。不确定性分析找出的敏感因素又可以作为风险因素识别和风险估计的依据。风险分析可采用专家调查法、层次分析法、概率树法等进行定性与定量分析。

5 设计阶段

5.1 一般规定

5.1.1 设计阶段的造价咨询服务工作内容必须符合本标准第1.0.7条的规定。

项目资金计划是项目立项后，根据项目实施计划、相关合同约定和规划等，对项目资金使用情况进行的预估。

设计阶段的方案比选与决策阶段的方案比选的侧重点不同，是在已确定项目的技术经济指标和其他限制条件下，为了推进项目的顺利实施而对不同的方案进行经济的比选，侧重于项目的局部或专项比选。

5.1.2 本条规定了工程造价咨询企业在设计阶段开展造价咨询工作前应了解的项目基本信息。其中，已签订的各类合同或协议指委托人已签订的设备和材料订货合同、咨询合同以及与工程建设其他费用相关的合同等。

5.1.3 参加相应会议和相关活动，有助于工程造价咨询企业进一步了解项目的具体情况，包括项目功能、配置和定位的信息等，对后续提供造价咨询服务至关重要。

有关项目功能、配置和定位的信息是指那些对工程造价有影响，但是在设计文件中无法体现的内容，应由委托人以书面形式确认。

5.1.5 工程造价咨询企业在设计阶段的成果文件归档应符合本标准第3.5.1～3.5.4条的规定。

5.2 项目资金计划

5.2.1 本条规定了项目资金计划编制所需的基本资料。项目资金计划带有一定的预估性，应根据项目的实际情况进行适时调整。项目资金计划宜精确到月度。

5.3 设计方案比选和优化

5.3.1 工程造价咨询企业应根据委托人要求，结合设计阶段各方面相关因素开展多层次、多方案、同方案多标准的分析和比选，将不同分析结果提供给委托人作投资决策，以全面优化项目设计方案。分析和比选可针对项目整体工程、单项工程、单位工程、分部分项工程或专业工程的不同设计方案或同一设计方案的不同建设要求编制投资估算来进行经济比较分析。

5.3.2 建设项目方案经济评价依据的基本原则是价值工程，即将技术与经济相结合，按照建设工程经济效果，针对不同的设计方案，分析其技术经济指标，从中选出经济效果最优的方案。由于设计方案不同，其功能、造价、工期，以及设备、材料、人工消耗等标准均存在差异，因此，技术经济分析不仅要考察工程技术方案，更要关注工程费用。

设计方案比选中技术层面的比选应由相应的专业人员提出意见，并结合经济层面和其他因素进行综合比选。

5.3.3 工程造价咨询企业应按委托内容，配合委托人进行项目全寿命周期成本分析，在合理可行的工程造价范围内，选择性价比高的设计方案或优化设计方案，按下列方法评价：

1 费用效率法。费用效率法是通过计算项目系统效率与项目寿命周期成本的比值来评价分析。

2 固定效率法。固定效率法是先将效率值固定下来，然后选取能达到这个效率而费用最低的方案。

3 固定费用法。固定费用法是先将费用固定下来,然后选出能得到最佳效率的方案。

4 权衡分析法。权衡分析法是对性质完全相反的两个要素作适当处理,其目的是提高总体的经济性。

全寿命周期成本分析的重要特点是进行有效的权衡分析。通过有效的权衡分析,可使系统的任务能较好地完成,既保证了系统的性能,又可使有限的人、财、物等资源得到有效的利用。

5.3.4 设计阶段是项目成本控制的关键和重点。工程造价咨询企业对项目的主要经济指标进行分解和分析后,对于超投资估算的单位或单项工程应给出相关的意见和建议,以便设计单位进一步进行优化。

5.3.7 方案比选报告的审核应重点审核采用的指标体系是否适合、比选的条件是否口径一致、比选的分析是否合理、内容是否完善、建议或结论是否符合分析的逻辑等。

5.3.8 限额设计是建设项目投资控制系统中的一个重要环节和一项关键措施,应按项目投资估算控制初步设计及概算,按初步设计概算控制施工图设计及施工图预算。各专业在保证功能及技术指标的前提下,应合理分解和使用投资限额,把技术和经济有机结合起来,严格控制设计变更,以保证不轻易突破投资限额。

5.4 设计概算

5.4.3 相关合同或协议是指委托人已签订的设备、材料订货合同及与工程建设其他费用相关的合同等。设计概算编制时,如有合同或协议明确的费用,应首先考虑以合同或协议中的金额列入概算中。

审核设计概算,委托人应提供送审的设计概算。

5.4.5 设计概算审核所需的资料和依据与设计概算编制一致。

设计概算审核时，应对概算报告的完整性、准确性和全面性，编制深度的符合性，编制说明内容的完整性和正确性，编制依据的合法性、时效性和适用性，编制范围和内容与要求的一致性，工程数量的正确性，主要人工、材料、机械和设备要素价格的确定，定额子目的套用，企业管理费和利润、增值税等计取的正确性、全面性和合理性等进行审核。

5.4.7 当建设项目有多个单项工程时，应采用三级概算编制形式。当建设项目只有一个单项工程时，应采用二级概算编制形式。

5.5 施工图预算

5.5.1 施工图预算应延续建设项目已经批准的设计概算的编制范围、工程内容、确定的标准或条件等进行编制，并应将施工图预算值控制在已批准的设计概算范围内。

5.5.2 相关合同或协议是指委托人已签订的设备、材料订货合同及与工程建设其他费用相关的合同等。施工图预算编制时，如有合同或协议明确的费用，应首先考虑以合同或协议的金额列入预算中。

审核施工图预算，委托人应提供送审的施工图预算。

5.5.4 施工图预算审核时，应参照本市建筑工程工程量计算规则、项目划分与计量单位的相关要求和人工、材料、施工机械台班消耗量，对工程量的计算，人工、材料、机械和设备要素的消耗量和价格确定，企业管理费和利润、增值税等计取的正确性、全面性等进行审核。

5.5.5 施工图预算编制后，应与设计概算进行对比，编制施工图预算与设计概算的对比分析表或报告。

补充四新技术计价表是指对于新技术、新材料、新设备、新工艺的计价表。

6　发承包阶段

6.1　一般规定

6.1.1　工程造价咨询企业在发承包阶段承接的咨询服务工作内容必须符合本标准第1.0.7条的规定。

6.1.2　工程造价咨询企业应按约定的服务内容，主动保持与招标活动各参与人的联系、沟通与协调，做好与发承包相关的工程造价咨询工作。

6.1.3　国有资金投资的工程建设项目包括国家融资资金、国有资金为主的投资资金（国有资金占投资总额的50%以上，或虽不足50%但国有投资者实质上拥有控股权）的工程建设项目。

6.1.5　工程造价咨询企业应充分掌握项目建设场地地质资料以及现场环境、施工条件等情况。

6.2　招标策划

6.2.1　工程建设项目施工分为公开招标和邀请招标，政府采购还可采用竞争性谈判、单一来源采购、询价等其他方式。

6.2.3　常见的合同价格形式有单价合同、总价合同、其他价格形式。

6.3　招标文件

6.3.2　招标文件应符合《标准施工招标文件》《房屋建筑和市政工程标准施工招标文件》等管理文件的规定。施工招标文件应确定招标范围、工作内容、工作目标要求、工程计量计价方式与原则、工程主要材料设备采购及供应方式、发包人提供的材料和设备清单、工程款支付方式、工程采用的技术规范和标准或要求、设计文件、工程量清单、评标标准及合同文本等与工程造价相关的内容。

6.4 工程量清单

6.4.2 项目编码、项目名称、项目特征、计量单位和工程量计算规则应根据现行国家计算规范和本市建设行政管理部门相关规定以及拟建工程的实际情况和特点进行编制。

6.4.3 补充项目的编制应符合下列要求：

1 补充项目的编码应按相关规定的代码和顺序编制，同一招标工程的项目不得重码。

2 补充的工程量清单项目需有项目名称、项目特征、计量单位、工程量计算规则和工作内容。

6.4.4 措施项目清单应根据拟建工程的实际情况列项：

1 单价项目应载明项目编码、项目名称、项目特征、计量单位和工程量。

2 总价项目应以“项”为计量单位进行编制，列出项目的工作内容和包含范围。

6.4.5 暂列金额应根据工程特点按有关规定估算，包含与其对应的管理费和利润，但不含增值税。

材料、工程设备暂估价应按本市建设行政管理部门的规定，根据工程造价信息和市场价格估算，并列出明细表。

专业工程暂估价应分不同专业，按有关计价规定估算，列出明细表。专业工程暂估价应包含与其对应的管理费和利润，增值税应符合现行国家标准《建设工程工程量清单计价规范》GB 50500和本市建设工程工程量清单计价应用规则的规定。专业工程暂估价应小于造价控制目标内确定的相应控制金额。

计日工应列出项目名称、计量单位和数量。其中计日工种类和数量尽可能贴近实际。计日工综合单价均不包括增值税。

总承包服务费应列出服务项目及其内容等。

6.4.6 独立装订成册的工程量清单，其编制说明应对招标工程与造价相关的具体内容要求进行完整叙述，并与招标文件及其所附合同文本条款相对应的内容文字叙述保持完全一致。与招标文件合并装订成册的工程量清单，其编制说明可不再重复招标文件中关于工程造价的具体要求内容。

6.4.7 对于影响工程量清单编制质量的设计问题，必须及时提出并得到有效解决，防止影响工程正常招投标及结算。

6.5 最高投标限价及标底

6.5.4 其他项目应按下列规定计价：

1 暂列金额应按招标工程量清单中列出的金额填写。

2 暂估价中的材料、工程设备单价应按招标工程量清单中列出的单价计入综合单价。

3 暂估价中的专业工程应按招标工程量清单中列出的金额填写。

4 计日工应按招标工程量清单中列出的项目，根据工程特点和有关依据确定价格。

5 总承包服务费应根据招标工程量清单中列出的内容和要求估算。总承包服务费可根据总承包管理和协调工作的不同，按招标文件中分包的专业工程估算造价或招标人供应材料价值的1%～3%计算。

6.7 回标分析

6.7.1 回标分析即清标，回标分析报告仅供委托人和评标专家评标时参考。

6.7.2

1 初步分析应包括下列内容：

1）商务标投标文件有电子文件的，应先检查电子文件与书面文件是否一致，如不一致应根据招标文件规定的文件进行分析。

2）将投标报价从低到高依次排序。

3）检查投标文件是否按招标文件提供的工程量清单，包括暂估价、暂列金额等填报价格。

4）校核各投标报价，列明各投标报价存在的算术错误，判断其偏差性质。

5）检查投标报价的完整性，列明存在的错项、漏项、缺项等。

6）对招标文件规定的属于重大偏差的事项进行检查。

2 详细分析应包括下列内容：

1）对投标报价从低到高依次排序，由总报价依次向单位工程、分部分项工程的报价项目展开对比分析。

2）对报价中的人工单价、材料单价、机械单价、设备单价、消耗量、管理费和利润率等进行合理性分析。

3）对分部分项工程量清单综合单价组成进行合理性分析，判断和列明非合理性低报价和严重不平衡报价。

4）对措施项目清单报价可按其合价或主要单项费用的合理性与完整性进行分析。

5）对总承包服务费报价、计日工等组价的合理性进行分析。

6）对优惠让利和备选报价进行分析。

7）对投标人自拟商务条款进行分析。

6.8 发承包合同

6.8.1 合同文件应包括合同书、投标澄清文件、投标文件、招标补遗文件、招标文件、合同图纸等。

6.8.3 发承包双方签订书面合同的内容、合同价款及计价方式、合同工期、工程质量标准、项目负责人等主要条款应当与招标文件和中标人的投标文件内容相一致。

7 施工阶段

7.1 一般规定

7.1.2 工程造价咨询企业应收集与造价相关的所有资料，包括与项目有关的政策、标准及人工、材料、机械、设备价格信息和造价指标等资料，也包括新技术、新工艺、新材料、新设备等相关资料。

7.2 工程造价目标控制

7.2.5 工程造价咨询企业应与设计单位、顾问单位、施工监理单位、施工承包单位等与项目有关各方保持联系与沟通，参加必要的项目相关工作会议，做好全过程造价动态控制，将工程造价有效地控制在批准概算或工程造价控制目标值范围内。

7.3 项目资金使用计划

7.3.1 项目资金使用计划除工程费用外，可按委托人要求编制工程建设其他费用、预备费等使用计划。

7.4 合同管理

7.4.2 根据项目投资性质和工程特点选用合适的合同文本格式，合同文本格式应首先选用国家或行业推荐的现行合同示范文本格式。招投标项目合同完善应与招投标原则及相关承诺保持一致。

7.4.4 工程发承包合同交底包括工程概况、合同工期、质量标准、签约合同价、合同价格形式、价款支付方式、项目经理、监理工程师、合同文件构成、合同当事人的权利义务、承诺以及合同生效条件等重要内容。

7.4.5 工程造价咨询企业应建立合同管理台账，实施对发承包等合同履约过程的动态管理，及时掌握合同中有关工程质量、进度、造价等相关信息，建立定期的合同执行检查和沟通机制。通过合同参与人的检查和共同交流，检查合同的执行和各项工作计划的落实情况，协调当前的工作，协商合同执行中遇到的问题，及时解决合同纠纷，保障合同顺利履行。

7.4.6 协助委托人依据双方签订的合同进行合同中止协商和谈判，包括根据合同中止原因及相关责任分析，向委托人提供意见和建议、参与中止协商和谈判、合同中止结算、起草终止协议等。

7.5 工程计量及工程价款支付

7.5.4 本条明确工程造价咨询企业应对工程款支付台账进行管理，建立支付台账的目的是为当期、下期工程价款支付或处理工程索赔提供参考依据。

7.6 询价与核价

7.6.1 项目材料、机械、设备及专业承包工程等相关市场价格包括材料暂估价、设备暂估价、专业工程暂估价、发包人提供的材料和设备价格、工程量清单中缺项或新增的项目等，可对招标采购和直接采购材料或设备提供询价意见或审核意见。

7.6.2 人工和材料价格的审核，首先是依据合同的有关约定，其次是结合本市相关工程价格信息，以及市场价格的变动情况，以确定价格的调整方法与幅度。

7.7 工程变更、工程签证与索赔

7.7.1 本条明确了工程变更、工程签证与索赔的审核要求。当合同未约定或约定不明时，应按国家和行业的有关规定执行。

7.7.3

1 工程变更资料应包括下列内容：

1） 发包人或授权代表签发的工程变更指令；

2） 设计人提供的变更图纸及说明；

3） 承包人要求变更的申请报告及实施方案。

2 工程签证资料应包括下列内容：

1） 签证的事由及原因；

2） 附图及计算式；

3） 签证的确认手续及日期。

3 索赔资料应包括下列内容：

1） 招标文件、合同、发包人批准认可的施工组织设计、工程图纸、技术规范等；

2） 工程各项有关的设计交底记录、变更图纸、变更施工指令等；

3） 工程各项经发包人或授权代表签认的签证；

4） 工程各项往来信件、指令、信函、通知、答复等；

5） 工程各项会议纪要；

6） 施工计划及现场实施情况记录；

7） 施工日记、监理日记、备忘录；

8） 工程供电、供水、道路开通、封闭的日期及数量记录；

9） 工程停电、停水和干扰事件影响的日期及恢复施工的日期记录；

10） 工程预付款、进度付款的数额及日期记录；

11） 工程图纸及变更，交底记录的送达份数及日期记录；

12）工程有关施工部位的照片及录像等；
13）工程现场气候记录，指温度、风力、雨雪等；
14）工程验收报告及各项技术鉴定报告等；
15）工程材料采购、订货、运输、进场、验收、使用等方面的凭据；
16）国家和本市建设行政管理部门发布的有关影响工程质量、造价、工期的文件。

7.8 施工过程结算、专业分包结算、合同中止结算

7.8.2 施工过程结算文件既作为当期施工过程结算支付的依据，也是工程竣工结算文件的组成部分。专业工程分包结算指工程投标时以暂估价形式列明的专业分包工程结算。

7.8.3 合同中止结算是指施工合同解除或转让前对已完工部分的结算；已进场未安装的合格材料或设备采购价款的结算。

合同中止的原因可能较复杂，应从可能出现司法纠纷的角度予以高度重视，完成界面必须清晰无异议，相关管理费、措施费、税费、合同约定的违约费用、相关处罚等应全部纳入结算。

8 竣工阶段

8.1 一般规定

8.1.1 工程造价咨询企业在竣工阶段承接的咨询服务工作内容必须符合本标准第 1.0.7 条的规定。

8.3 工程竣工结算审核

8.3.1 工程造价咨询企业竣工结算阶段工作应包括协助委托人按照本市建设行政管理部门有关规定，做好项目竣工结算备案。

8.3.4 会商会议是相关参与人为顺利开展竣工结算审核工作，就结算审核过程中遇到的问题召开的会议，竣工结算审核会商会议一般由发包人或咨询人组织召开，会议内容应以会商纪要的形式予以明确，会商纪要包括会议时间、地点、参加人员、会议内容、会商结果等内容，与会参与人签署确认后，可作为竣工结算审核的依据。

9 工程造价鉴定

9.1 一般规定

9.1.1 工程造价鉴定咨询服务工作内容必须符合本标准第1.0.7条的规定，并应符合现行国家标准《建设工程造价鉴定规范》GB/T 51262中强制性条文的规定。

9.1.4 委托文件包括鉴定委托书或转办单、委托合同等具有法律效力的文件。

9.1.5 应自行回避的情形指：

1 鉴定人员是待鉴定项目的当事人、代理人，或者是当事人、代理人近亲属的。

2 担任过待鉴定项目的证人、辩护人、诉讼代理人的。

3 与待鉴定项目当事人、代理人有其他关系可能影响鉴定公正的。

4 存在其他可能影响公正鉴定情形的。

9.2 准备工作

9.2.2 共同委托人对委托的鉴定范围、内容、要求或期限等有疑问时，也应书面明确。

9.2.3 司法鉴定所采用的证据，均应通过质证。

9.2.5 工程造价咨询企业需对鉴定标的物进行现场勘验的，应以现场勘验通知书的形式书面通知纠纷当事人参加。除委托人即为当事人的共同委托外，同时应请鉴定委托人派员参加，当事人拒绝参加勘验的，由鉴定委托人决定处理办法。

勘验现场应按证据要求制作勘验笔录或勘验图表，必要时工程造价咨询企业应采取摄录等取证，记录勘验的时间、地点、勘验人、在场人、勘验经过、内容、结果，由勘验人、在场人签名或者盖章确认；对不予签字确认的，由司法、仲裁部门鉴定委托人决定处理办法，并在鉴定意见中作出表述。属于工程造价及相关专业内容的勘验，可按专业要求形成勘验记录，并承担相应的专业责任。

9.3 鉴定工作实施

9.3.1 在工程合同无效的情况下，当事人之间发生争议，工程造价咨询企业应根据相关法律的规定或委托人的决定进行鉴定。

9.3.4 本条规定了确定鉴定期限的程序和申请方法。当事人提交举证资料、补交资料、交换资料、质证、对征询意见稿反馈意见等所需的时间不应计入鉴定期限。

9.3.5 根据《最高人民法院关于审理建设工程施工合同纠纷案件适用法律问题的解释(一)》(法释〔2020〕25 号)第二十九条："当事人在诉讼前已经对建设工程价款结算达成协议，诉讼中一方当事人申请对工程造价进行鉴定的，人民法院不予准许。"

9.4 成果文件

9.4.3 由于本标准系针对工程造价的经济属性，对其纠纷提供的第三方公平公正的鉴证，虽然与专门技术下的鉴定有所区别，但其报告仍应满足《最高人民法院关于民事诉讼证据的若干规定》(法释〔2001〕33 号)第二十九条审判人员对鉴定人出具的鉴定书要求必需的七项内容：

1 委托人姓名或者名称、委托鉴定的内容。

2 委托鉴定的材料。

3 鉴定的依据及使用的科学技术手段。

4 对鉴定过程的说明。

5 明确的鉴定结论。

6 对鉴定人鉴定资格的说明。

7 鉴定人员及鉴定机构签名盖章。

附　录

附录 A、B、C、D、E、F 所列各表，是在咨询服务工作实践中收集、汇总、整理、归纳而成的，一般采用所列各表。由于政府主管部门颁布新的规范或标准，以及工程项目之间的差异，或政府各主管部门、各行业、各委托人等方面的不同要求，咨询人可在具体工作中选择使用，也可根据工程专业需要在附录所列之表基础上进行修改和增设。